"十三五"国家重点出版物出版规划项目

卓越工程能力培养与工程教育专业认证系列规划教材（电气工程及其自动化、自动化专业）

控制系统组态软件应用及设计

潘海鹏　顾敏明　张益波　编著

机 械 工 业 出 版 社

本书共 10 章。第 1 章主要讲述组态软件的概念、产生背景及其主要功能，并介绍了国内外常见的组态软件；第 2 章系统介绍了"组态王"及其安装环境和安装步骤，同时引导大家如何新建工程等；第 3 章主要讲述如何添加外部设备和变量，并针对锅炉系统设计这一实例中所用到的"虚拟 PLC"添加"I/O 变量"和"内存变量"过程进行详细描述；第 4 章重点介绍如何加载点位图，插入图库精灵，以及其他"组态王"画面中的基本操作和应用技巧；第 5 章结合锅炉系统的实际情况详细介绍模拟量输出动画连接、隐含动画连接、水平和垂直移动动画连接等多种动画连接的设计方法；第 6 章主要讲述应用程序命令语言、数据改变命令语言、事件命令语言、热键命令语言和画面命令语言的使用和代码编写，并简单介绍了几个常用的系统函数；第 7 章重点介绍实时曲线的设置，三种不同类型的历史曲线的使用，通过实例介绍了工业应用中的棒图控件的使用方法；第 8 章从用户管理和报警两方面介绍"组态王"对安全的处理，并且就如何设计实时报表和历史报表进行说明；第 9 章和第 10 章分别列举了几个基本组态系统设计案例和综合组态系统设计案例。

本书内容讲解详细，既有引例和推荐阅读，又有章节小结和课后习题，从基础的环境搭建到综合应用开发设计一应俱全，对于"组态王"的初学者有着很好的指引作用。本书可作为普通高校电气、自动化、电子信息、机械等专业的教材。

本书配有免费电子课件，欢迎选用本书作教材的老师登录 www.cmpedu.com 注册下载，或发邮件到 jinacmp@163.com 索取。

图书在版编目（CIP）数据

控制系统组态软件应用及设计 / 潘海鹏，顾敏明，张益波编著. —北京：机械工业出版社，2019.7
"十三五"国家重点出版物出版规划项目　卓越工程能力培养与工程教育专业认证系列规划教材. 电气工程及其自动化、自动化专业
ISBN 978-7-111-62821-7

Ⅰ.①控…　Ⅱ.①潘…　②顾…　③张…　Ⅲ.①过程控制软件—高等学校—教材　Ⅳ.①TP317

中国版本图书馆 CIP 数据核字（2019）第 095834 号

机械工业出版社（北京市百万庄大街 22 号　邮政编码 100037）
策划编辑：吉　玲　责任编辑：吉　玲　任正一
责任校对：陈　越　封面设计：鞠　杨
责任印制：郜　敏
北京华创印务有限公司印刷
2019 年 7 月第 1 版第 1 次印刷
184mm×260mm・10 印张・253 千字
标准书号：ISBN 978-7-111-62821-7
定价：26.00 元

电话服务
客服电话：010-88361066
　　　　　010-88379833
　　　　　010-68326294
封底无防伪标均为盗版

网络服务
机 工 官 网：www.cmpbook.com
机 工 官 博：weibo.com/cmp1952
金 书 网：www.golden-book.com
机工教育服务网：www.cmpedu.com

“十三五”国家重点出版物出版规划项目

卓越工程能力培养与工程教育专业认证系列规划教材

（电气工程及其自动化、自动化专业）

编审委员会

主任委员

郑南宁　中国工程院 院士，西安交通大学 教授，中国工程教育专业认证协会电子信息与电气工程类专业认证分委员会 主任委员

副主任委员

汪槱生　中国工程院 院士，浙江大学 教授

胡敏强　东南大学 教授，教育部高等学校电气类专业教学指导委员会 主任委员

周东华　清华大学 教授，教育部高等学校自动化类专业教学指导委员会 主任委员

赵光宙　浙江大学 教授，中国机械工业教育协会自动化学科教学委员会 主任委员

章　兢　湖南大学 教授，中国工程教育专业认证协会电子信息与电气工程类专业认证分委员会 副主任委员

刘进军　西安交通大学 教授，教育部高等学校电气类专业教学指导委员会 副主任委员

戈宝军　哈尔滨理工大学 教授，教育部高等学校电气类专业教学指导委员会 副主任委员

吴晓蓓　南京理工大学 教授，教育部高等学校自动化类专业教学指导委员会 副主任委员

刘　丁　西安理工大学 教授，教育部高等学校自动化类专业教学指导委员会 副主任委员

廖瑞金　重庆大学 教授，教育部高等学校电气类专业教学指导委员会 副主任委员

尹项根　华中科技大学 教授，教育部高等学校电气类专业教学指导委员会 副主任委员

李少远　上海交通大学 教授，教育部高等学校自动化类专业教学指导委员会 副主任委员

林　松　机械工业出版社 编审 副社长

委员（按姓氏笔画排序）

于海生	青岛大学 教授	王　平	重庆邮电大学 教授
王　超	天津大学 教授	王再英	西安科技大学 教授
王志华	中国电工技术学会 教授级高级工程师	王明彦	哈尔滨工业大学 教授
		王保家	机械工业出版社 编审
王美玲	北京理工大学 教授	韦　钢	上海电力学院 教授
艾　欣	华北电力大学 教授	李　炜	兰州理工大学 教授
吴在军	东南大学 教授	吴成东	东北大学 教授
吴美平	国防科技大学 教授	谷　宇	北京科技大学 教授
汪贵平	长安大学 教授	宋建成	太原理工大学 教授
张　涛	清华大学 教授	张卫平	北方工业大学 教授
张恒旭	山东大学 教授	张晓华	大连理工大学 教授
黄云志	合肥工业大学 教授	蔡述庭	广东工业大学 教授
穆　钢	东北电力大学 教授	鞠　平	河海大学 教授

序

工程教育在我国高等教育中占有重要地位，高素质工程科技人才是支撑产业转型升级、实施国家重大发展战略的重要保障。当前，世界范围内新一轮科技革命和产业变革加速进行，以新技术、新业态、新产业、新模式为特点的新经济蓬勃发展，迫切需要培养、造就一大批多样化、创新型卓越工程科技人才。目前，我国高等工程教育规模世界第一。我国工科本科在校生约占我国本科在校生总数的 1/3，近年来我国每年工科本科毕业生约占世界总数的 1/3 以上。如何保证和提高高等工程教育质量，如何适应国家战略需求和企业需要，一直受到教育界、工程界和社会各方面的关注。多年以来，我国一直致力于提高高等教育的质量，组织并实施了多项重大工程，包括卓越工程师教育培养计划（以下简称卓越计划）、工程教育专业认证和新工科建设等。

卓越计划的主要任务是探索建立高校与行业企业联合培养人才的新机制，创新工程教育人才培养模式，建设高水平工程教育教师队伍，扩大工程教育的对外开放。计划启动实施以来，各相关部门建立了协同育人机制。卓越计划要求试点专业要大力改革课程体系和教学形式，依据卓越计划培养标准，遵循工程的集成与创新特征，以强化工程实践能力、工程设计能力与工程创新能力为核心，重构课程体系和教学内容；加强跨专业、跨学科的复合型人才培养；着力推动基于问题的学习、基于项目的学习、基于案例的学习等多种研究性学习方法，加强学生创新能力训练，"真刀真枪"做毕业设计。卓越计划实施以来，培养了一批获得行业认可、具备很好的国际视野和创新能力、适应经济社会发展需要的各类型高质量人才，教育培养模式改革创新取得突破，教师队伍建设初见成效，为卓越计划的后续实施和最终目标的达成奠定了坚实基础。各高校以卓越计划为突破口，逐渐形成各具特色的人才培养模式。

2016 年 6 月 2 日，我国正式成为工程教育"华盛顿协议"第 18 个成员国，标志着我国工程教育真正融入世界工程教育，人才培养质量开始与其他成员国达到了实质等效，同时，也为以后我国参加国际工程师认证奠定了基础，为我国工程师走向世界创造了条件。专业认证把以学生为中心、以产出为导向和持续改进作为三大基本理念，与传统的内容驱动、重视投入的教育形成了鲜明对比，是一种教育范式的革新。通过专业认证，把先进的教育理念引入了我国工程教育，有力地推动了我国工程教育专业教学改革，逐步引导我国高等工程教育实现从课程导向向产出导向转变、从以教师为中心向以学生为中心转变、从质量监控向持续改进转变。

在实施卓越计划和开展工程教育专业认证过程中，许多高校的电气工程及其自动化、自动化专业结合自身的办学特色，引入先进的教育理念，在专业建设、人才培养模式、教学内容、教学方法、课程建设等方面积极开展教学改革，取得了较好的效果，建设了一大批优质课程。为了将这些优秀的教学改革经验和教学内容推广给广大高校，中国工程教育认证协会电子信息与电气工程类专业认证分委员会、教育部高等学校电气类专业教学指导委员会、教育部高等学校自动化类专业教学指导委员会、中国机械工业教育协会自动化学科教学委员会、中国机械工业教育协会电气工程及其自动化学科教学委员会联合组织规划了"卓越工程能力培养与工程教育专业认证系列规划教材（电气工程及其自动化、自动化专业）"。本套教材通过国家新闻出版广电总局的评审，入选了"十三五"国家重点图书。本套教材密切联系行业和市场需求，以学生工程能力培养为主线，以教育培养优秀工程师为目标，突出学生工程理念、工程思维和工程能力的培养。本套教材在广泛吸纳相关学校在"卓越工程师教育培养计划"实施和工程教育专业认证过程中的经验和成果的基础上，针对目前同类教材存在的内容滞后、与工程脱节等问题，紧密结合工程应用和行业企业需求，突出实际工程案例，强化学生工程能力的教育培养，积极进行教材内容、结构、体系和展现形式的改革。

经过全体教材编审委员会委员和编者的努力，本套教材陆续跟读者见面了。由于时间紧迫，各校相关专业教学改革推进的程度不同，本套教材还存在许多问题。希望各位老师对本套教材多提宝贵意见，以使教材内容不断完善提高。也希望通过本套教材在高校的推广使用，促进我国高等工程教育教学质量的提高，为实现高等教育的内涵式发展贡献一份力量。

卓越工程能力培养与工程教育专业认证系列规划教材
（电气工程及其自动化、自动化专业）
编审委员会

前　言

组态软件功能强大、使用方便、稳定可靠，是目前工业自动化常用的软件，在工业现场得到了广泛的应用。

当前，工业组态软件较多，本书选取"组态王"软件为对象进行介绍。本书共分 10 章，涉及"组态王"的简介、开发环境、设备管理、数据库应用、系统画面设计、动画设计、命令语言、控件以及报表的使用等内容。

为了使内容更具体、更形象生动，本书使用了较多的图表。另外，本书在开头导入了案例，引导学生快速掌握所学内容；在每一章根据所介绍的内容给出了相应的习题，让初学者可以进一步加深对所学知识的理解，提高活学活用的能力；在一些章节的末尾补充了阅读资料，对知识体系进行扩展和延伸。

本书通过对"组态王"软件的介绍和操作指导，旨在让初学者学着设计组态来解决实际问题。因此，分析问题并提出解决问题的方案最为关键，至于如何使用组态软件以及如何编写命令语言则并不困难。初学者应该花更多的时间去分析问题、拆分问题，把复杂的问题简化，并提出自己的解决方案，完成工程设计。如何提高这方面的能力呢？纸上得来终觉浅，绝知此事要躬行。因此，编者建议初学者不断进行实践，通过简单的实例掌握一些常用的解决问题的方法，积累经验，掌握技巧。

俗话说，师傅领进门，修行靠个人。兴趣是最好的老师，成长主要还是靠自己积极主动地去学习，从资料文献中获取自身需要的知识，改进自己的学习方法，创造属于自己的东西。同时还需要注意的是，所谓"学而不思则罔，思而不学则殆"，在学习中既不能一味地只看不练，也不能只练不看。

在本书的编写过程中，得到了浙江省科学技术协会"育才工程"项目的资助，对此，编者深表感谢。同时在写作过程中，参考了大量相关的书籍、论文和网络文摘，特别是北京亚控科技发展有限公司（书中简称为"北京亚控"）的资料，编者在此向相关作者表示深深的谢意。

由于编者水平有限，加之组态软件发展日新月异，书中难免会出现错误与不妥之处，欢迎读者朋友不吝赐教，以利我们不断改进和提高。编者联系方式：guminming@163.com。最后，希望读者在学习中获得知识与快乐！在使用本书的过程中能有一点点的收获。

编者

目　　录

序
前言
第1章　绪论 ……………………………………………………………………………… 1
　教学目标 ………………………………………………………………………………… 1
　教学要求 ………………………………………………………………………………… 1
　引例 ……………………………………………………………………………………… 1
　1.1　组态软件的定义 …………………………………………………………………… 2
　1.2　组态软件产生的背景 ……………………………………………………………… 3
　1.3　组态软件的主要功能 ……………………………………………………………… 3
　1.4　国内外常见的组态软件 …………………………………………………………… 4
　1.5　组态软件产品的发展趋势 ………………………………………………………… 5
　本章小结 ………………………………………………………………………………… 6
　习　　题 ………………………………………………………………………………… 6
　阅读资料 ………………………………………………………………………………… 6
第2章　"组态王"开发环境 ……………………………………………………………… 7
　教学目标 ………………………………………………………………………………… 7
　教学要求 ………………………………………………………………………………… 7
　引例 ……………………………………………………………………………………… 7
　2.1　"组态王"概述 …………………………………………………………………… 7
　2.2　"组态王"软件安装的系统要求 ………………………………………………… 9
　　2.2.1　系统要求 ……………………………………………………………………… 9
　　2.2.2　软件安装简述 ………………………………………………………………… 9
　2.3　"组态王"的系统组成 …………………………………………………………… 11
　　2.3.1　工程管理器 …………………………………………………………………… 11
　　2.3.2　工程浏览器 …………………………………………………………………… 17
　　2.3.3　画面运行系统 ………………………………………………………………… 18
　本章小结 ………………………………………………………………………………… 18
　习　　题 ………………………………………………………………………………… 18
第3章　变量和设备 ……………………………………………………………………… 19
　教学目标 ………………………………………………………………………………… 19
　教学要求 ………………………………………………………………………………… 19
　引例 ……………………………………………………………………………………… 19
　3.1　概述 ………………………………………………………………………………… 20
　3.2　设备 ………………………………………………………………………………… 20
　　3.2.1　定义 I/O 设备 ………………………………………………………………… 20
　　3.2.2　虚拟 PLC ……………………………………………………………………… 33

3.3 数据库 ··· 33
   3.3.1 数据词典 ··· 33
   3.3.2 变量类型 ··· 34
   3.3.3 添加单个变量 ·· 35
   3.3.4 添加结构变量 ·· 39
   3.3.5 变量组管理 ··· 39
   3.3.6 变量的导入与导出 ······································ 40
本章小结 ··· 41
习　　题 ··· 41
阅读资料 ··· 41

第 4 章　系统画面设计 ··· 45
教学目标 ··· 45
教学要求 ··· 45
引例 ··· 45
4.1 概述 ·· 45
4.2 画面属性设置 ··· 46
4.3 复杂图形的导入 ·· 48
4.4 几何图形的绘制 ·· 51
4.5 重复单元的组合 ·· 53
4.6 线条和管道 ·· 54
4.7 图库精灵 ·· 54
4.8 其他 ·· 56
4.9 画面设计小技巧 ·· 57
本章小结 ··· 57
习　　题 ··· 58
阅读资料 ··· 58

第 5 章　动画设计 ··· 60
教学目标 ··· 60
教学要求 ··· 60
引例 ··· 60
5.1 概述 ·· 61
5.2 动画连接 ·· 61
   5.2.1 变量动画连接 ·· 61
   5.2.2 隐含动画连接 ·· 63
   5.2.3 水平移动动画连接 ······································ 64
   5.2.4 旋转动画连接 ·· 65
   5.2.5 缩放动画连接 ·· 66
   5.2.6 流动动画连接 ·· 68
   5.2.7 填充动画连接 ·· 69
   5.2.8 命令语言动画连接 ······································ 69
   5.2.9 其他动画连接 ·· 69

本章小结 ··· 70

习　　题 ··· 70

阅读资料 ··· 70

第6章　命令语言 ·· 72

教学目标 ··· 72

教学要求 ··· 72

引例 ··· 72

6.1　概述 ··· 72

6.2　应用程序命令语言 ··· 72

6.3　数据改变命令语言 ··· 76

6.4　事件命令语言 ··· 77

6.5　热键命令语言 ··· 77

6.6　画面命令语言 ··· 78

6.7　常用的系统函数 ··· 79

6.7.1　画面操作函数 ·· 79

6.7.2　常用数学操作函数 ·· 80

本章小结 ··· 81

习　　题 ··· 81

阅读资料 ··· 81

第7章　趋势与控件 ·· 83

教学目标 ··· 83

教学要求 ··· 83

引例 ··· 83

7.1　概述 ··· 83

7.2　实时趋势曲线 ··· 84

7.3　历史趋势曲线 ··· 86

7.3.1　通用历史趋势曲线 ·· 86

7.3.2　自定义历史趋势曲线 ·· 89

7.3.3　历史曲线控件 ·· 92

7.4　棒图控件 ··· 96

7.5　其他曲线控件 ··· 98

本章小结 ··· 98

习　　题 ··· 98

阅读资料 ··· 98

第8章　安全与报表 ·· 102

教学目标 ··· 102

教学要求 ··· 102

引例 ··· 102

8.1　概述 ··· 103

8.2　用户管理 ··· 103

8.3　报警 ··· 105

8.4　报表·······108
本章小结·······109
习　题·······109
阅读资料·······110

第9章　基本组态项目实训·······112
教学目标·······112
教学要求·······112
9.1　概述·······112
9.2　案例1：利用"组态王"处理开关量·······112
9.2.1　设计目的·······112
9.2.2　功能分析·······113
9.2.3　系统设计·······113
9.3　案例2：利用S7-200模拟交通灯·······118
9.3.1　设计目的·······118
9.3.2　功能分析·······118
9.3.3　系统设计·······118
9.4　案例3：利用S7-200采集模拟量值·······121
9.4.1　设计目的·······121
9.4.2　功能分析·······121
9.4.3　系统设计·······121
9.5　案例4：利用"组态王"进行算法设计·······123
9.5.1　设计目的·······123
9.5.2　功能分析·······124
9.5.3　系统设计·······124
本章小结·······130
习　题·······130

第10章　综合组态项目实训·······131
教学目标·······131
教学要求·······131
10.1　概述·······131
10.2　案例1：流浆箱智能控制系统·······131
10.2.1　系统的背景与意义·······131
10.2.2　功能分析·······131
10.2.3　系统设计·······132
10.3　案例2：基于工控机的水浴锅温度模糊控制系统·······137
10.3.1　系统的背景与意义·······137
10.3.2　功能分析·······138
10.3.3　系统设计·······138
本章小结·······149
习　题·······149

参考文献·······150

第1章 绪 论

教学目标

☞ 掌握工业组态及组态软件的概念
☞ 了解工业组态软件的特点
☞ 了解常见的工业组态软件的主要功能
☞ 熟悉常见的工业组态软件

教学要求

知识要点	能力要求	相关知识
组态软件的定义	（1）掌握组态软件的概念 （2）了解组态软件的作用及特点	SCADA 系统
组态软件产生背景	了解组态软件产生的背景	
组态软件的功能	了解组态软件的主要功能	Modbus、数据库
国内外常见组态软件	（1）了解国内外常见的组态软件 （2）熟悉各组态软件的特点及适用场合	InTouch、组态王等
组态软件发展趋势	了解组态软件的发展趋势	单片机、人机接口

引例

案例一：

我们设想一下这样一个现场，炎热的夏天，在一个炼钢厂车间（见图 1-1），用户需要知道当前炉内的钢水温度是多少，仪表工人站在炉子旁边的仪表旁盯着上述值的变化，身上汗流浃背，脚上胶鞋的鞋底也变得软了，这时候他最想的是什么？一瓶冰镇饮料？不，这远远不够。

怎么样尽可能地改善一线工人的现状，提高自动化的水平，能否在比较舒适的环境中显示温度值的变化？比如在机房显示，这样是不是更加方便与舒适？那我们就可以用组态软件来做！

案例二：

你大学刚刚毕业，到一家公司参加工作不久，领导给你分配了一个任务，让你能够在计算机上监控一个设备的运行情况，对设备的运行进行一个动画的模拟，并能够对这个设备的运行数据进行记录、分析。领导告诉你这是一个项目，要求在两个月内完成。这个时候你怎么办？这是你的第一个项目，你很想把它做好，可是你发现自己在大学的几年就学过一些基础的计算机语言，比如"C 语言程序设计"，另外由于感兴趣，又学习了一门 Windows 平台下的可视化编程软件，也许是 VC，也许是 VB，或者是 C#、Java 等，但是在开始做的时候你发现这个项目远比想象的要复杂，这里面要做的事情有很多，比如数据采集就需要跟所监控的设备进行通信，对数据进行存储就需要具备数据库操作的技能，为了直观地显示数据，你可能还需要曲线显示。除此之外，还有更高的要求，如设备的运行状况还要进行动画的模拟。如何做动画呢？用 Flash 么？领导要求动画的状态要跟现场一致，还有数据的报表……你四处求教，查资料，泡论坛，加 QQ 讨论。过了半个月，却发现连个架子都没搭好。正当你为此茶饭不思的时候，有人告诉你有个软件可以实现你所需要的所有功能，只要搭积木一样地进行"组态"就可以了，你如释重负，在接下来的时间内，再接再厉，终于漂亮地完成了自己的第一个项目，得到了领导和同事的肯定。

图 1-1　炼钢车间环境一瞥

1.1　组态软件的定义

"组态"的概念来自于英语"Configuration"，其意义究竟是什么呢？简单地讲，组态就是利用应用软件中提供的工具、方法，对其计算机及软件的资源进行优化配置，使计算机或软件自动完成某些特定功能，从而满足用户的要求。

组态软件，又称监控组态软件，译自英文 SCADA（Supervisory Control And Data Acquisition，数据采集与监视控制），是一种数据采集与过程控制的专用软件。SCADA 系统是以计算机为基础的生产过程控制与调度自动化系统。它可以对现场的运行设备进行监视和控制，以实现数据采集、参数监视、设备控制以及各类信号报警等功能。在国内通常被称为"组态软件"，它不需要设计人员掌握专业的编程语言（如 C++、C#语言），只需要将各种现成的功能模块组合到一起，就能够实现相当复杂的数据采集与处理、设备控制、参数调节等功能，相当于"二次开发"，大大地降低了开发的难度，缩短了开发的时间，而且由于组态软件本身的健壮性较强，整体软件可靠性更好，因此在工业中得到了大量的应用。

组态软件主要解决的问题有：一是根据现场的实际需要进行组态编程，对不同的工业过程进行自动控制；二是采集设备的数据并进行记录、绘制趋势曲线，实现系统报警、历史数据查询、报表制作等功能。组态软件向下能与底层的数据采集、控制设备进行数据交换，向上能与管理层信息交互，从而实现上位机和下位机的双向通信，可为用户提供从数据采集到最终管理的一整套监控方案。

组态软件最突出的特点是实时多任务，例如，数据采集、数据处理、算法设计、数据输出、图形显示及人机对话、实时数据存储、检索管理、实时通信等多个任务在同一台计算机上同时运行。组态软件大都由专业软件公司开发，功能强大、内容丰富，代码具有较高的可靠性，应用到工业现场能够大幅度减少工程技术人员的工作量。

1.2 组态软件产生的背景

在组态软件出现之前，大部分用户都是采用第三方软件来进行 HMI（Human Machine Interface，人机接口）的编写，往往存在开发时间长、效率低、可靠性差的缺点，而且每个软件都是特定开发，不具备通用性，这就意味着不同的应用需要进行重复的开发，工作量较大；也有用户采取购买专用工控系统的方式，但采取这种方式时，软件都是与硬件绑定接口不透明，难以与外界进行数据交互，不便于用户进行二次开发，对其中功能的更改比较困难，使用不灵活。

伴随着工业技术的不断发展，迫切需要一款面向工业应用的可靠性高、成本低、使用方便的行业应用软件，这就催生了组态软件的产生。

"组态"的概念是伴随着集散型控制系统（Distributed Control System，DCS）的出现才开始被广大自动化技术人员所熟知。但是直到现在，每个 DCS 厂家的组态软件仍是专用的（即与硬件相关的），不可相互替代，比如国内做 DCS 较为成功的浙大中控的组态软件——SCKey，就是针对自己的 DCS 开发的，难以在其他公司的控制设备（如西门子的 PLC 等）上推广应用。

20 世纪 80 年代末，由于个人计算机的普及，国内开始有人研究如何利用 PC 进行工业监控，同时开始出现基于 PC 总线的 A-D、D-A、计数器、DIO 等各类 I/O 板卡。应该说国内对组态软件的研究起步是不晚的。当时有人在 MS-DOS 的基础上用汇编或 C 语言开发了带后台处理功能的监控组态软件，而有实力的研究机构则在实时多任务操作系统 iRMX86 或 VRTX 上做文章，但均未形成有竞争力的产品。世界上第一个把组态软件作为商业软件进行开发与销售的专业软件公司是美国的 Wonderware 公司，它于 20 世纪 80 年代末率先推出第一个商品化监控组态软件 InTouch。此后，监控组态软件在全球得到了蓬勃发展。目前世界上知名的组态软件有几十种之多，应用更是遍布到各个行业。伴随着信息化社会的到来，监控组态软件在社会信息化进程中将扮演越来越重要的角色，每年的市场增幅都会有较大增长，未来的发展前景十分看好。

1.3 组态软件的主要功能

组态软件通常有以下几方面的功能：

1. 强大的画面显示组态功能

目前，工控组态软件大都运行于 Windows 环境下，充分显示了 Windows 图形功能的完备、界面美观的特点；提供给用户丰富的作图工具，可任意地绘制、编辑各种工业画面，从而将开发人员从繁重的画面设计中解放出来；丰富的动画连接功能，如填充、缩放、移动、闪烁等，可以做出动态的效果，更能体现工业现场场景。随着计算机性能的提升，用户界面做得越来越细腻，越来越逼真。

2．较为完善的设备接口

组态软件区别于一般的 Windows 应用程序，很重要的一点就是组态软件可以同工业现场的设备进行连接，这就需要组态软件能够支持多种设备接口协议，支持多种硬件设备。组态软件通常能支持如 RS232、RS485 以及工业以太网常用网络接口，支持 Modbus、TCP/IP 等通信协议，支持各类板卡、采集模块等数据采集设计，以及支持 PLC、变频器、单片机等现场控制设备。支持设备的多寡是衡量一个组态软件性能的重要指标。

3．丰富的功能模块

为了减轻工程开发人员的工作量，组态软件提供了丰富的控制功能库，满足用户的测控要求和现场要求。利用这些功能模块，用户可以很方便地实现硬件组态、数据监控、趋势显示等功能，并且还提供报警、用户权限分配、报表打印等功能，使系统具有良好的人机界面，易于操作。

4．强大的数据库

组态软件配有实时数据库，可存储各种数据，如模拟型、离散型、字符型等，实现与外部设备的数据交换。此外，还配有大容量的历史数据库，能够对历史数据做记录，便于后期的统计和查询。

5．简单易学的命令语言

组态软件一般拥有可编程的命令语言，使用户可根据自己的需要编写程序，增强图形界面，完成控制输出。与专业的软件制作工具 VC 等不同，这些命令语言简单易学，非常适合工作繁忙的工程师使用。

6．完善的系统安全机制

组态软件针对不同的操作者，会给予不同的操作权限，保证整个系统安全可靠地运行。

1.4　国内外常见的组态软件

现在市场上组态软件较多，比较有影响力的组态软件主要有以下几种：

1．InTouch

Wonderware 公司的 InTouch 软件是最早进入我国的组态软件。在 20 世纪 80 年代末 90 年代初，基于 Windows 3.1 的 InTouch 软件让人们耳目一新，该软件提供了丰富的图库。经过不断发展，InTouch 并不局限于简单的图形，可让应用构建者专注于创建富有意义的内容，这些内容将提高整个企业的运营效率并降低成本。

2．iFIX

iFIX 自动化监控组态软件，应用于冶金、电力、石油化工、制药、生物技术、包装、食品饮料等多个行业中。iFIX 可提供生产操作的过程可视化、数据采集和数据监控等功能。

3．WinCC

WinCC 是一套完备的组态开发环境，Siemens 公司提供了类 C 语言的脚本，包括一个调试环境。WinCC 内嵌 OPC 支持，并可对分布式系统进行组态。但 WinCC 的结构较复杂，用户最好经过 Siemens 公司的培训以掌握 WinCC 的应用。

4．力控

力控是北京三维力控公司的产品，力控软件以计算机为基本工具，为实时数据采集、过程监控、系统控制提供了基础平台。它可以和控制设备构成任意复杂的监控系统，在过程控制中发挥核心作用，可以帮助企业消除信息障碍，降低生产成本，提高运作效率。

5．MCGS

MCGS（Monitor and Control Generated System，监视与控制通用系统）是北京昆仑通态自动化软件科技有限公司研发的一套基于 Windows 平台的，用于快速构造和生成上位机监控系统的组态软件系统，主要完成现场数据的采集与监测、前端数据的处理与控制，可运行于 Microsoft Windows 95/98/ME/NT/2000/XP 等操作系统。MCGS 组态软件包括三个版本，分别是网络版、通用版和嵌入版。

6．组态王

"组态王"是由北京亚控开发的面向自动化市场，以实现企业一体化开发的产品。"组态王"提供了资源管理器式的操作主界面，并且提供了以汉字作为关键字的脚本语言支持，也提供了多种硬件驱动程序，能够快速地同目前工业自动化应用领域的知名品牌设备建立连接，快速构建监控系统。

本书主要介绍"组态王"的使用，及其在工控系统中的应用。

1.5　组态软件产品的发展趋势

进入 21 世纪以来，组态软件的应用领域得到前所未有的拓展，逐渐突破传统的工业自动化领域，渗透到农业、医疗、交通、市政工程、楼宇、环保、新能源、节能降耗等诸多新兴领域。监控系统的规模也越来越大，越来越复杂，因此，用户对组态软件的要求也就越来越高。

更广阔的应用领域，更复杂的监控环境，更高的客户要求，都向组态软件提出了前所未有的挑战。同时，计算机技术、信息技术、网络技术的发展以及新技术的出现，也为组态软件应对上述挑战奠定了坚实的基础。

组态软件的主要发展趋势体现在以下几个方面：

1．从以单机为主向以网络为中心发展

伴随着计算机网络的不断发展，包括操作系统都向网络化靠近，比如 Windows 10。云端计算等正从概念转化为现实，使得组态软件以单机为主向以网络为中心发展的技术条件日趋成熟。如果仅依靠目前这种以单个的计算机为中心的架构，尽管计算机和计算机之间可以通过网络建立数据通信，但网络环境下计算机间数据交换的方式过于单一，无法实现计算机群的有效分工和协作，不能很好地利用资源，特别是随着企业规模的不断扩大，一个大的企业往往由分布在不同地域的多个工厂组成，而每个工厂都会有一定数量的自动化系统，要实现整个企业的自动化控制，现有组态软件的旧网络模式已经无法满足系统的需要。

2．人机接口的增强

正如前面所述，组态软件的起家很重要的一点就是人机界面优美，这也是其最突出的特点之一。在组态软件技术不断成熟，功能不断丰富的今天，人机接口的友好和美观也越来越被业界重视。对比操作系统发现，从 Windows 2000 到 Windows XP 再到 Windows 7、Windows 10 操作图形界面不断增强。组态软件也是如此，为继续保持其优势，它的图形系统要更加专业，制作的图形画面要更为精美，而且要具备更多功能，动画更为逼真，操作方式更为友好，支持多点触摸等新的人机交互技术。

3．编程能力的增强

编程是组态软件中最重要的功能之一。尽管对于用户而言，组态软件往往编程比较简单，很容易上手，但从另外一个侧面来说，也表明组态软件中提供的脚本编程功能弱，对于高端的应用，很多功能就难以实现，这就要求组态软件在保持其易用性的基础上，开放更多的编程接口，比如现在主流组态软件厂商都采用标准的脚本语言，如 VBScript、VBA、JavaScript 等作为脚本编程的语言，这样有助于用户编写高水平的代码，将一些新型的控制策略在组态软件中加以实现。同时，组态软件也可以将现在工业控制中新型的算法，如各类改进 PID、模糊控制、神经网络控制、预测控制等做成软件模块供用户调用。总之，组态软件将会朝着执行速度更快、性能更稳定、容错和纠错能力更强、更加开放、更加简单易用等方面发展。

4. 同企业上层管理软件结合更加紧密

企业综合自动化的不断发展，要求组态软件不仅具有数据显示和监控功能，而且能够对系统中的数据进行分析、存储、统计、汇总，能够与企业的信息化系统（如 ERP）进行无缝对接，以利于管理层更为有效地掌控生产制造，提高工厂管理水平。

5. 组态软件嵌入式版本的广泛应用

自 2000 年以后，嵌入式领域发生了巨大的变化，各种新型微控制器如雨后春笋般不断涌现，嵌入式系统的应用日益广泛。随着信息化、网络化、智能化的发展，嵌入式系统也将获得广泛的发展空间，原本工矿企业采用的数码管、指示灯、轻触按键等人机交互方式正在被越来越多的工业触摸屏所代替。可以预计，随着工厂技术水平的不断提高，基于嵌入式系统的组态软件也会在将来大放异彩。

本 章 小 结

本章首先介绍了组态的基本概念，其次介绍了组态软件产生的背景及其主要功能，最后特别地概述了一下国内外常见的组态软件，展望了组态软件的发展方向。

习 题

1. 什么是组态软件？其主要功能有哪些？
2. 组态软件相对于通用程序开发平台具有什么优势？
3. 国内外常见的组态软件有哪些？

 阅读资料

[1] 王善斌. 组态软件应用指南——组态王 Kingview 和西门子 WinCC[M]. 北京：化学工业出版社，2011.
[2] 组态软件的发展历程及未来走向[OL]. http://blog.sina.com.cn/s/blog_598e6f3b0100cb8c.html.
[3] 李红萍. 工控组态技术及应用——组态王[M]. 西安：西安电子科技大学出版社，2011.
[4] 姚立波. 组态监控设计与应用[M]. 北京：机械工业出版社，2011.
[5] 严盈富，罗海平，吴海勤. 监控组态软件与 PLC 入门[M]. 北京：人民邮电出版社，2006.
[6] 龚运新，方立友. 工业组态软件实用技术[M]. 北京：清华大学出版社，2005.

第 2 章　"组态王"开发环境

教学目标

☞　了解"组态王"软件的特点
☞　掌握"组态王"软件的安装方法
☞　掌握"组态王"软件系统的构成
☞　掌握利用"组态王"新建工程的方法
☞　熟悉"组态王"工程管理器、工程浏览器

教学要求

知识要点	能力要求	相关知识
"组态王"的概念	（1）掌握"组态王"软件的概念 （2）了解"组态王"软件的特点	Kingview 6.55
"组态王"的安装	（1）了解"组态王"软件安装的软/硬件要求 （2）掌握"组态王"软件的安装方法	
"组态王"的系统组成	（1）掌握"组态王"软件的系统组成，熟悉各组成部分的特点及应用 （2）学会利用"组态王"软件新建工程	工程管理器、工程浏览器、画面运行系统

引例

　　"纸上谈兵"的典故家喻户晓，我们应该引以为鉴。在对工业组态及组态软件有了初步认识之后，我们应该"活动筋骨，大展身手"，选定一款自己喜欢的组态软件进行实战演练。本书选择的组态软件是"组态王"，它以标准的工业计算机软、硬件平台构成的集成系统取代传统的封闭式系统，是一种新型的工业自动控制系统的实现方式。

　　一般的 PC 都可以安装使用"组态王"，根据安装向导，可以轻而易举地完成软件的安装。就如一个公司有 CEO 一样，"组态王"有一个工程管理器，可以非常方便地对工程进行管理，使项目井然有序。"组态王"还有一个重要的组成部分——工程浏览器，它使得项目组成一目了然，便于开发人员查看和开发。完成一些设计之后，我们可以利用"组态王"的画面运行系统来查看设计效果。赶紧试着用"组态王"新建工程试试吧！

2.1　"组态王"概述

　　"组态王"是北京亚控根据当前自动化技术的发展趋势，面向自动化市场及应用，以实现企业一体化为目标开发的一套软件产品。该产品以搭建战略性工业应用服务平台为目标，集成了对北京亚控自主研发的工业实时数据库（KingHistorian）的支持，可以为企业提供一个对整个生产流程进行数据汇总、分析及管理的有效平台，使企业能够及时有效地获取信息，

及时地做出反应，以获得最优化的结果。

"组态王"具有适应性强、开放性好、易于扩展、经济、开发周期短等优点。它能充分利用 Windows 的图形编辑功能，方便地构建监控画面，并以动画方式显示控制设备的状态，具有报警窗口、实时趋势曲线等，可便利地生成各种报表。它还具有丰富的设备驱动程序和灵活的组态方式、数据链接等功能。

"组态王"经历了多个版本的升级，本书所采用的 Kingview 6.55 保持了其早期版本功能强大、运行稳定且使用方便的特点，并根据国内众多用户的反馈及意见，对一些功能进行了完善和扩充。"组态王" Kingview 6.55 提供了丰富的、简捷易用的配置界面，提供了大量的图形元素和图库精灵，同时也为用户创建图库精灵提供了简单易用的接口。该款产品对历史曲线、报表及 Web 发布功能进行了大幅提升与改进，软件的功能性和可用性有了很大提高。

"组态王"软件构成如图 2-1 所示。

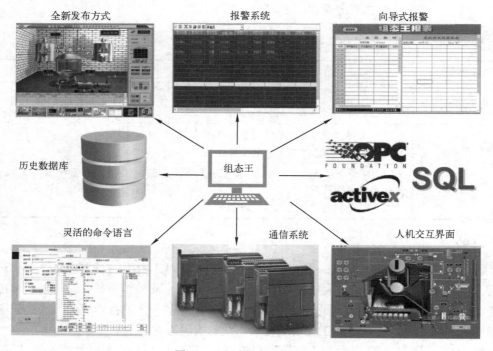

图 2-1　"组态王"软件构成

利用"组态王"开发监控系统较为简单，在设计者做好了系统的规划和必要的硬件设计之后，便可以进入到基于"组态王"的监控软件的开发中，开发过程如图 2-2 所示。

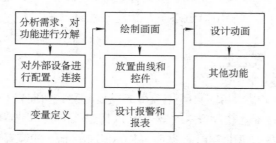

图 2-2　利用"组态王"进行工程开发流程示意图

整个过程包含设备连接、变量定义、画面设计、动画设计、数据处理、控制输出和其他操作几部分。

设备连接主要通过"组态王"内置的设备驱动,快速地与现场设备建立通信,为后续的数据交互做好准备。

变量定义包括外部变量定义和内部变量定义。外部变量定义是对所连接的外部设备进行定义,利用这个变量可以实现外部设备的数据采集和控制;内部变量定义是对"组态王"系统内部变量进行定义,用于界面动画、数据处理等中间过程。

画面设计配合动画设计,主要是为了再现工艺的状况,能够在计算机上直观地看到所监控对象的现场情况,同时也使得整个工程显得更加人性化,方便用户使用。

数据处理主要是对连接的设备所采集的数据的处理,包括数据滤波、量程转换、曲线拟合等。

控制输出主要是根据对象的特性,设计控制算法,进行控制输出。

其他辅助功能还包含对数据的文字或曲线方式的显示、报警的及时处理、报表的产生等操作。

以上所有操作都可以在"组态王"平台中实现,和基于 VC++等语言进行开发相比,效率得到了极大的提升,稳定性和可靠性也更有保证。

2.2 "组态王"软件安装的系统要求

2.2.1 系统要求

"组态王"安装对计算机设备的软件和硬件环境的基本要求如下:

1)CPU:P4 处理器、1GHz 以上或相当型号。

2)内存:最少 128MB,推荐 256MB,使用 Web 功能或 2000 点以上推荐 512MB。

3)显示器:VGA、SVGA 或支持桌面操作系统的任何图形适配器,要求最少显示 256 色。

4)鼠标、键盘:任何 PC 兼容鼠标、键盘。

5)通信:RS232C。

6)并行口或 USB 口:用于接入"组态王"加密锁,老产品采用并行口加密锁,新设备大多是 USB 口的加密锁。

7)操作系统:Windows 2000(SP4)/Windows XP(SP2)/Win7 简体中文版。

目前市面上流行的机型完全满足"组态王"的运行要求。高性能的计算机将会让组态软件使用得更加流畅。

> ☺小贴士:上述通信接口 RS232C 并不是必需的,如果有些计算机如笔记本计算机不具备串口,可以采用 USB 转串口的方式与接口设备进行连接。也允许诸如以太网接口的其他通信方式。

2.2.2 软件安装简述

"组态王"软件存于一张光盘上,光盘上的安装程序 Install.exe 会自动运行,启动"组态王"安装过程向导。"组态王"的安装步骤（以 Windows XP 下的安装为例，Win7 下的安装基本相同）如下：

> ☺小贴士：作为教学需要，用户可以到北京亚控科技公司的网站下载安装包，网站地址：http://www.kingview.com/，单击下载中心选择您所需要的版本进行下载。

启动"组态王"光盘中的 Install.exe 文件，出现如图 2-3 所示的安装界面。

图 2-3　安装软件画面

"安装阅读"可帮助用户详细了解安装细节，在这里用户可以获取到关于版本的更新信息、授权信息、服务和支持信息等。

除了"安装阅读"，用户还能看到"组态王程序""组态王驱动程序"和"组态王加密锁驱动程序"，这三部分共同构建了"组态王"的程序。

"组态王程序"是组态王进行开发的主体，"组态王驱动程序"是指"组态王"为了方便用户而制作的对现场各种设备进行支持的驱动程序，这两者都需要安装。组态王提供免费版本，该版本能够提供 2h 的演示时间，并且支持点数也较少。本书中前面章节的基本操作，选用免费版本基本能满足要求。但在实际应用中，所需的点数较多，使用时间也较长，因此还需要安装"组态王加密锁驱动程序"，该程序是为用户所购买的授权——加密锁提供驱动程序，以便用户让软件检测到用户获得的授权，从而使用更多的软件功能。

同其他组态软件一样，"组态王"基本也是按照点数来进行收费的，如果读者需要购买，可以向北京亚控科技公司或其经销商购买，购买后，用户除了软件之外，还将得到上面所述的加密锁。在购买过程中，用户需要进行选择的有：软件版本、程序界面语言、是开发版还是运行版、点数和客户端数。

北京亚控科技公司的网站上有个订单画面可以帮助用户进行选择，如图 2-4 所示，网址为：http://www.kingview.com/products/dingdan.aspx。

填写订单

尊敬的客户，感谢您对我们的信任与支持！请在这里填写您的需求信息，我们将会在48小时内与您取得联系！

图 2-4 订单画面

软件的安装过程同 Windows 其他软件类似，这里不再赘述。安装结束后会弹出安装后在 Windows 的"开始"菜单中存在的项目，如图 2-5 所示。这里包含了软件的一些快捷方式，方便用户进行操作。

图 2-5 安装后"开始"菜单中存在的项目

2.3 "组态王"的系统组成

"组态王"软件包由工程管理器（ProjManager）、工程浏览器（TouchExplorer）和画面运行系统（TouchView）三部分组成。

2.3.1 工程管理器

在"组态王"中，所建立的每个组态称为一个工程。工程管理器就是为了管理这些工程而设计的。在实际中，一个系统开发人员可以保存多个"组态王"工程，利用工程管理器对这些工程进行集中管理，实现用户工程开发、备份及管理。

工程管理器的主要功能包括新建工程，删除工程，搜索指定路径下的所有组态王工程，修改工程属性，工程的备份、恢复，数据词典的导入、导出，切换到"组态王"开发或运行环境等。工程管理器界面从上至下大致分为四个部分，如图2-6所示。

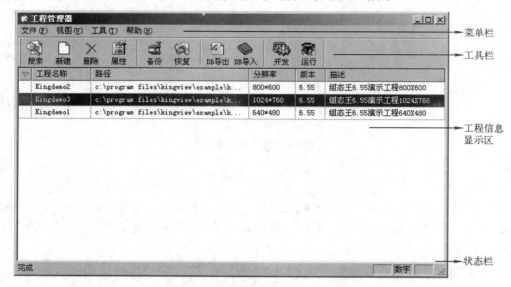

图2-6　工程管理器界面

管理器的菜单栏中包含文件、视图、工具、帮助四个菜单项，可以执行相应的操作，也可以通过工具栏进行快速操作。下面将用几个例子来介绍在工程管理器中"新建工程""将已有的工程加入到工程管理器"以及"工程备份与恢复"等功能的实现。

1. 新建工程

以在F盘下建立一个"测试"工程文件夹来存放工程为例，整个操作过程如下：

用户可以通过单击"文件"菜单选择"新建工程"命令，或者通过单击工具栏的"新建"按钮，弹出"新建工程向导之一"对话框，如图2-7所示。

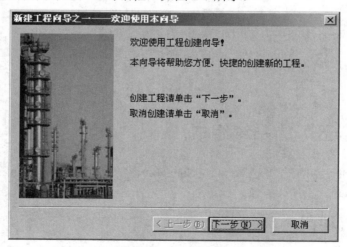

图2-7　"新建工程向导之一"对话框

单击"下一步"按钮继续新建工程，弹出"选择工程所在路径"对话框，如图2-8所示。

图 2-8 "选择工程所在路径"对话框

　　此处最重要的是"组态王"工程目录的设置,用户如果熟悉 Windows 的操作,可以直接在地址栏里面输入,如果输入的路径不存在,系统将会提示用户路径不对。建议大部分用户使用"浏览"按钮,从弹出的路径选择对话框中选择工程路径。您在此处可以直接选择"F:\"

　　单击"下一步"按钮,弹出"工程名称和描述"对话框,如图 2-9 所示。

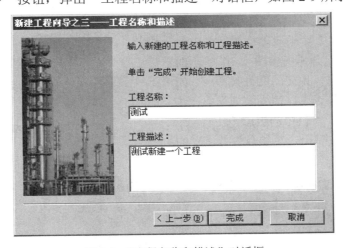

图 2-9 "工程名称和描述"对话框

　　在这里用户可以输入工程的名称,请注意,此处输入的工程名称会在您之前选择的存放路径下再建立一个由工程名称命名的文件夹。比如,我们要求的在 F 盘下建立一个"测试"工程文件夹来存放创建的整个工程,在此处只要在"工程名称"文本框中输入"测试"即可。

　　在"工程名称"文本框中输入新建工程的名称,名称有效长度小于 32 个字符。"工程描述"文本框中则可以输入新建工程的描述文本,一般会在这里写上一些工程的概述性内容,描述文本有效长度小于 40 个字符。

　　单击"完成"按钮完成工程的建立。这时,组态王将在图 2-8 所示的对话框中所设置的路径下生成新的文件夹,如本例中的"F:\测试",并生成文件 ProjManager.dat,保存新工程的基本信息。

　　此处新建的工程,实际上是在用户给定的工程路径下设置了工程信息,仅仅是一个框架,并没有具体的内容，只有当用户将此工程作为当前工程，并且切换到"组态王"开发环境，进行系统的画面、变量、设备、程序等设置之后才真正创建工程，相应的文件也会再添加进来。

2. 将已有的工程加入到工程管理器

在使用中，用户可能会碰到这样的情况，自己在一台计算机中建立了一个工程，想转移到另一台计算机上，并进行后续的开发与操作；或者计算机由于某些原因重装了系统，需将以往的工程恢复；或者想导入其他案例来作为学习、参考使用。这时候，就需要添加或者导入工程。

组态王不同于其他软件，并没有专门的 Project 文件可以直接打开，而是需要通过下述两种方式来实现。

1）搜索工程：该命令为搜索用户指定目录下的所有"组态王"工程（包括不同版本、不同分辨率的工程），将其工程名称、工程所在路径、分辨率、开发工程时用的组态王软件版本、工程描述文本等信息加入到工程管理器中。搜索出的工程包括指定目录和其子目录下的所有工程。

2）添加工程：该命令主要用于单独添加一个已经存在的组态王工程，并将其添加到工程管理器中来（而搜索工程是添加搜索到的指定目录下的所有组态王工程）。

上述两项操作均比较简单，下面通过一个简单操作来介绍。单击"工程管理器"对话框中工具栏的"搜索"按钮，就会弹出如图 2-10 所示的对话框，只需要在上面选择相应的文件夹即可，如果不清楚具体存放的位置，可以适当增大搜索范围，组态王能自动识别您计算机中的组态王工程文件。

单击"确定"按钮后，系统会将搜索到的工程增加到工程管理器中，如图 2-11 所示。

图 2-10　添加工程路径选择对话框

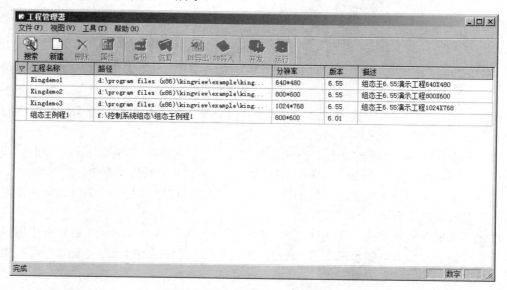

图 2-11　添加工程后的工程管理器

在搜索的过程中，还可能出现如图 2-12 所示的情况。

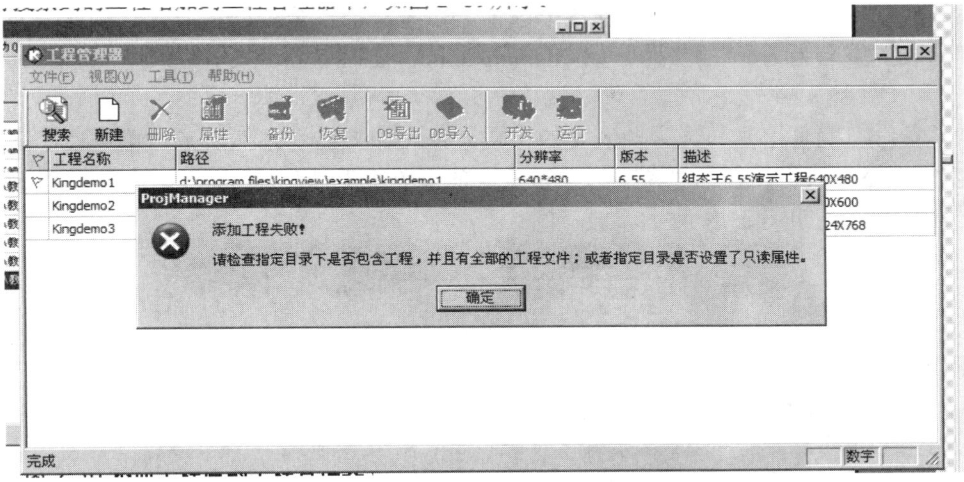

图 2-12 添加工程失败例图

有些时候工程是从网络上下载下来的，或者是从光盘上复制过来的，往往这些文件被设置了只读的属性，读者需要更改它们的属性后，才能完成工程的添加。此外还有一种添加失败的情况，就是当前所用的版本比设计工程代码的软件版本低，这样会出现导入异常。

在工程管理器的最左边一栏有一个"小红旗"的标志，这表明该工程是"当前工程"。如果需要将另外一个非"当前工程"设置为"当前工程"，可以在工程管理器工程信息显示区中选中加亮想要设置的工程，然后单击菜单栏"文件"→"设为当前工程"命令或快捷菜单"设为当前工程"命令即可设置该工程为"当前工程"。更简单的方式是直接双击该工程，系统会进入到工程浏览器，此时刚才双击过的工程就是"当前工程"。

> ☺小贴士：如果您所处理的是低版本的组态王工程，在双击该工程的时候会提示您是否更新为当前版本，这一升级过程是不可逆的。组态王不能直接打开高版本创建的工程。

3．工程备份与恢复

备份：选中要备份的工程，使之加亮显示，然后单击菜单栏"工具"→"工程备份"命令或工具栏的"备份"按钮或快捷菜单"工程备份"命令，弹出"备份工程"对话框，如图 2-13 所示。

工程备份文件分为两种形式：不分卷、分卷。这里解释一下，好比大家在做 WinRAR 压缩的时候，有时需要上传到网络（如论坛、网盘等），单个文件夹不能太大，这时就需要对现有文件进行分卷压缩，以便控制单个压缩文件的大小。那么压缩后第一个文件名为 xxx.part1.rar 格式，其余为 xxx.partx.rar 格式。类似地，"组态王"的不分卷是指将工程压缩为一个备份文件，分卷是指将工程备份为若干指定大小的压缩文件。自定义（分卷）：

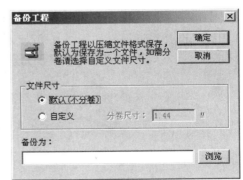

图 2-13 "备份工程"对话框

选择该单选项，系统将把整个工程按照给定的分卷尺寸压缩为给定大小的多个文件。

系统的默认方式为不分卷，选择该单选项，系统将把整个工程压缩为一个备份文件。工程被存储成扩展名为.cmp 的文件，如 filename.cmp。工程备份完后，生成一个 filename.cmp 文件。

有了备份，就可恢复。选中要恢复的工程，使之加亮显示。然后单击菜单栏"工具"→"工程恢复"命令或工具栏的"恢复"按钮或快捷菜单"工程恢复"命令，弹出"选择要恢复的工程"对话框，如图 2-14 所示。

图 2-14 　"选择要恢复的工程"对话框

选择组态王备份文件——扩展名为.cmp 的文件，如 123.cmp，然后单击"打开"按钮，弹出"恢复工程"对话框，如图 2-15 所示。

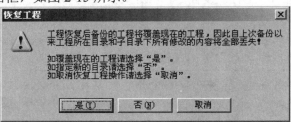

图 2-15 　恢复工程选项

单击"是"按钮，则以备份的工程覆盖当前的工程。如果恢复失败，系统会自动将工程还原为恢复前的状态。恢复过程中，工程管理器的状态栏上会有文字提示信息和恢复进度显示信息。

单击"否"按钮，则另行选择工程目录，将工程恢复到别的目录下。单击"否"按钮后弹出路径选择对话框，如图 2-16 所示。

图 2-16 　将工程恢复到别的目录下

在"恢复到此路径"文本框里输入恢复工程的新路径，或单击"浏览…"按钮，在弹出的路径选择对话框中进行选择。如果输入的路径不存在，则系统会提示用户是否自动创建该路径。路径输入完成后，单击"确定"按钮恢复工程。工程恢复期间，在工程管理器的状态栏上会有恢复信息和进度显示。

4．其他的工程管理功能

删除工程：该菜单命令将删除在工程管理器信息显示区中当前选中加亮的但没有被设置为当前工程的工程。

重命名：该菜单命令将当前选中加亮的工程名称进行修改。

清除工程信息：该菜单命令是将工程管理器中当前选中的高亮显示的工程信息条从工程管理器中清除，不再显示，执行该命令不会删除工程本身或改变工程内容。用户可以通过"搜索工程"或"添加工程"命令重新使该工程信息显示到工程管理器中。

5．数据词典管理

数据词典是组态王中的重要内容，由于涉及变量的管理，因此将其放在本书第 3 章中同其他数据词典的操作一起来进行介绍。

2.3.2 工程浏览器

工程浏览器的界面如图 2-17 所示。

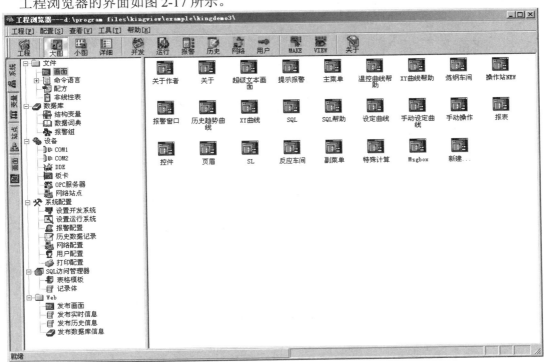

图 2-17 组态王工程浏览器界面

"工程浏览器"是组态王的一个最重要组成部分，它将图形画面、命令语言、设备驱动程序、配方、报警、网络等工程元素集中管理，工程人员可以一目了然地查看工程的各个组成部分。工程浏览器简便易学，操作界面和 Windows 中的资源管理器非常类似，为工程的管理提供了方便高效的手段。

"工程浏览器"也是用得最多的部分，其左侧是"工程目录显示区"，包括"系统""变量"

"站点"和"画面"四个选项卡。默认是"系统"选项卡，在该选项卡下会将所有可供操作的选项列出来，共有"Web""文件""数据库""设备""系统配置"和"SQL 访问管理器"六项。

"Web"为组态王 For Internet 功能画面发布工具。

"文件"主要包括"画面""命令语言""配方"和"非线性表"。其中"命令语言"又包括"应用程序命令语言""数据改变命令语言""事件命令语言""热键命令语言"和"自定义函数命令语言"，包含上述所说的"变量"选项的内容。

"数据库"主要包括"结构变量""数据词典"和"报警组"，包含上述所说的"变量"选项的内容。

"设备"主要包括"串口 1（COM1）""串口 2（COM2）""DDE 设备""板卡""OPC 服务器"和"网络站点"，这里面有大家熟知的 PLC、工控机等具体设备。

"系统配置"主要包括"设置开发系统""设置运行系统""报警配置""历史数据记录""网络配置""用户配置"和"打印配置"。

"SQL 访问管理器"主要包括"表格模板"和"记录体"。

通过单击另外三个选项卡标签，可以选择部分内容来进行显示，可以使得画面显得更加简洁明快。"变量"选项卡主要为变量管理，包括变量组。"站点"选项卡显示所定义的远程站点的详细信息。"画面"选项卡用于对画面进行分组管理，创建和管理画面组。"系统"选项卡最为齐全，包含上述所有内容。

2.3.3　画面运行系统

单击组态王画面运行系统（TouchView）程序即可进入系统的运行画面。工程浏览器（TouchExplorer）和画面运行系统相互关联又各自独立。相互关联是指在工程浏览器中设计开发的画面必须在画面运行系统运行环境中才能运行。相互独立是指两者均可单独使用。读者不妨将此与 VB、VC 等开发系统进行类比，工程浏览器好比是源程序开发环境 IDE，而画面运行系统则好比是这些开发系统对用户代码进行编译后生成的可执行文件。从工程设计状态切换到运行系统，只要选择"切换到 VIEW"即可。

本 章 小 结

本章首先介绍了"组态王"软件的基本信息和利用"组态王"开发项目的基本内容，然后描述了它的安装环境和安装方法，最后介绍了"组态王"工程管理器（ProjManager）、工程浏览器（TouchExplorer）和画面运行系统（TouchView）。在这个过程中举例介绍了如何新建工程、如何导入已经存在的工程以及进行工程恢复等内容。

习 题

1. "组态王"组态软件由哪些部分构成？简述每个部分的作用。
2. 试着创建一个位置位于 D 盘根目录下文件夹名为 test 的工程，并将该工程进行备份。
3. 导入一个已经存在的"组态王"项目，并将其设置为当前项目。
4. 如果组态完成后发现工程特别大，怎样把工程文件变小？
5. 工程被破坏后如何恢复画面？

第 3 章 变量和设备

☞ 掌握"组态王"与不同设备的连接方法
☞ 掌握"组态王"软件添加变量的方法

知识要点	能力要求	相关知识
定义 I/O 设备	（1）掌握定义 I/O 设备的步骤 （2）掌握测试"组态王"与设备连接是否成功的方法	COM 串口
DDE 数据交换	掌握通过 DDE 实现"组态王"与 Excel 连接的方法	DDE
BCNET	掌握通过 BCNET 将"组态王"与 S7-200 PLC 建立连接的方法	BCNET、S7-200 PLC
DTU 数据传输单元	掌握"组态王"与 DTU 建立数据交互的方法	DTU
虚拟 PLC 设备	掌握虚拟 PLC 的概念以及六种类型的内部寄存器变量	PLC
"组态王"数据库应用	（1）了解并掌握"组态王"数据库中数据变量的类型 （2）掌握添加单个变量的方法 （3）掌握添加结构体变量的方法 （4）掌握对多变量进行管理的方法 （5）掌握变量导入与导出的方法	系统变量、用户定义的变量

引例

在自动化系统中，有大量的设备是被经常使用到的，如 PLC、变频器、工控机板卡以及智能仪表等。

PLC 是一种专门为工业环境应用而设计的数字运算电子装置。它采用可以编制程序的存储器，用来执行逻辑运算、顺序运算、计时、计数和算术运算等操作指令，并能通过数字式或模拟式的输入和输出，控制各种类型的生产过程或装备。PLC 及其有关的外围设备都是按照易于与工业控制系统形成一个整体，易于扩展其功能的原则而设计的。常见的 PLC 品牌有西门子、三菱、台达、欧姆龙、富士、GE、ABB、信捷、研华、和利时等。

变频器是应用变频技术与微电子技术，通过改变电动机工作电源频率的方式来控制交流电动机的电力控制设备。变频器主要由整流（交流变直流）、滤波、逆变（直流变交流）、制动单元、驱动单元、检测单元、微处理单元等组成。变频器靠内部 IGBT 的开断以调整输出电源的电压和频率，根据电动机的实际需要来提供其所需要的电源电压，进而达到节能、调速的目的。另外，变频器还有很多保护功能，如过电流保护、过电压保护、过载保护等。随着工业自动化程度的不断提高，变频器也得到了非常广泛的应用。变频器的品牌非常多，进口品牌主要有 ABB、西门子、丹佛斯、富士、三菱、欧姆龙等，国产品牌比较有影响力的有森兰、英威腾、蓝海华腾、安邦信、浙江三科、欧瑞传动、迈凯诺、伟创等。

工业控制计算机是一种采用总线结构，对生产过程及其机电设备、工艺装备进行检测与控制的设备总称，简称"工控机"，包括计算机和过程输入、输出通道两部分。它具有重要的计算机属性和特征，如具有计算机 CPU、硬盘、内存、外设及接口，并有实时的操作系统、控制网络和协议、计算能力、友好的人机界面等。工业控制计算机品牌主要有研华、研祥、华北工控等。

智能仪表和模块品牌就更多了，这里就不一一展开介绍了。这些仪表和模块直接跟工业现场进行关联，用户可以根据实际信号的特点进行选择。

3.1　概述

本章主要解决两个问题：首先，怎么将现场设备同计算机通过"组态王"软件连接；其次，如何进行数据的传递、调用、管理。为了解决上述问题，需要依赖"组态王"软件的"设备"和"数据库"这两个重要功能。

组态王驱动程序采用最新软件技术，使通信程序和"组态王"构成一个完整的系统。"组态王"支持的硬件设备包括可编程序控制器（PLC）、智能模块、板卡、智能仪表、变频器等。对于不同的硬件设施，只需要在"组态王"的设备库中选择设备的类型，然后按照"设备配置向导"的提示一步步完成安装即可，而不必像传统软件开发一样去熟悉底层协议来编写驱动，使得驱动程序的配置和设备的连接更加方便。这种方式既保证了运行系统的高效，也能让系统达到很大的规模。

对现场数据进行监控，给现场设备下达指令，所有这一切都需要数据。在"组态王"中，数据是以实时数据库来进行管理的。数据库中处理的数据包含从工业现场设备采集过来的现场信息、接收到的指令等交互数据，同时也包括了"组态王"为了处理这些数据而设置的中间变量。

3.2　设备

"组态王"支持的设备非常多。在实际教学过程中，特别是大班上课的情况下，由于课时的限制，难以让每个学生在现场对众多的现场设备建立通信连接。本着让读者快速掌握"组态王"设备管理方法的思路，本书以采用虚拟的设备为主线来进行阐述。实际上，添加虚拟设备在很多操作上同实际设备很相似。同时，为了更好地熟悉和掌握这一内容，又穿插了一些实际设备同"组态王"连接的实例。

3.2.1　定义 I/O 设备

本节的实例采用仿真 PLC 为我们设计的锅炉控制系统提供一些外部数据。在使用仿真 PLC 设备前，首先要对它进行定义，在实际应用中，大部分 PLC 设备是通过计算机的串口向组态王提供数据的，仿真 PLC 设备也是模拟安装到串口 COM 上，定义过程和步骤如下：

在组态王工程浏览器中，从左边的工程目录显示区中选择大纲项"设备"下的成员名 COM1 或 COM2，然后在右边的目录内容显示区中双击"新建"图标，则弹出"设备配置向导"对话框，如图 3-1 所示。

在该对话框中可以看到有很多的设备，表明"组态王"已经开发好了设备的驱动程序。

驱动程序是计算机同仪器设备相连所需要遵从的一定规约（或者说协议），这些底层协议通常对于从事工业自动化的工程人员来说开发难度大，花费的时间长。"组态王"提供的这些接口帮助用户方便地完成设备同计算机的连接。

在 I/O 设备列表显示区中，选中 PLC 设备，单击符号"+"将该节点展开，这时候可以看到很多主流的 PLC 厂家，本例中选中"亚控"，继续展开，选中"仿真 PLC"设备，再展开选中"COM"，单击"下一步"按钮，在弹出的对话框中填入为外部设备取的名称，例如本例中输入 PLC1，如图 3-2 所示。

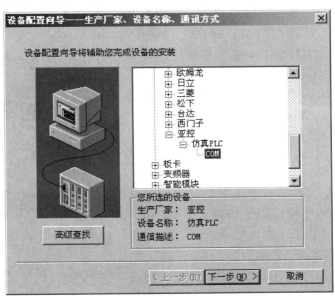

图 3-1　设备配置向导

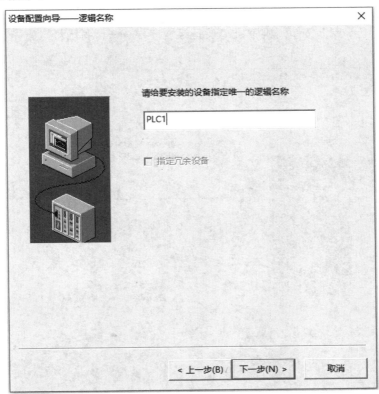

图 3-2　添加逻辑名称

继续单击"下一步"按钮，则弹出"设备配置向导——选择串口号"对话框，如图 3-3 所示。

在串口选择过程中，不同的设备不能重复使用一个串口，整个下拉列表框中列出了 32 个串口（COM1～COM32）供用户选择。如果从下拉列表框中选中 COM2 串口，那么现场的设备与计算机通信也一定是接在 COM2 口中。对于仿真 PLC，这点不用苛求。

也可以在下面选择虚拟串口设备。这些年，随着技术的不断发展，在工业现场无线设备越来越多，例如在北京管理上海的设备，这个时候就可以通过网络的方式来管理，其中有有线的，也有无线的。无线中远距离最为广泛使用的就是 GPRS，将 GPRS 网络看作是

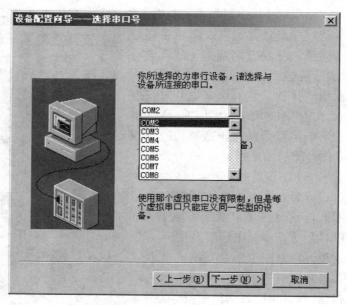

图 3-3　串口号设置

一个非常长的串口线，再利用 GPRS 的终端接收装置 DTU，将设备虚拟成一个串口，其使用和实际的串口并无二致。

继续单击"下一步"按钮，则弹出"设备配置向导——设备地址设置指南"对话框，如图 3-4 所示。

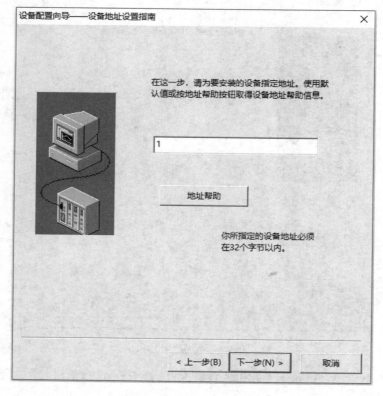

图 3-4　设备地址设置

　　工程人员要为串口设备指定设备地址，该地址应该对应实际的设备定义地址，具体请参见组态王设备帮助，不同的设备应具备不同的地址，相同的地址将会造成冲突，导致系统通信异常。此处使用的是虚拟 PLC，定义地址为 1。

　　继续单击"下一步"按钮，则弹出"通信参数"对话框，如图 3-5 所示。

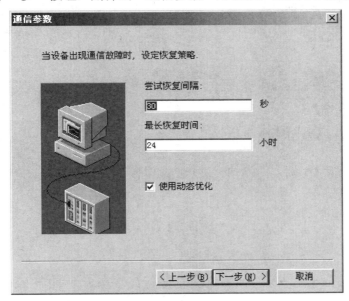

图 3-5　通信参数设置

　　这个对话框用于设置一些关于设备在发生通信故障时，系统尝试恢复通信的策略参数：

　　尝试恢复间隔： 在组态王运行期间，如果有一台设备，如 PLC1 发生故障，则组态王能够自动诊断并停止采集与该设备相关的数据，但会每隔一段时间尝试恢复与该设备的通信以进行下一步的操作，如图 3-5 所示尝试恢复间隔为 30s。

　　最长恢复时间： 若组态王在一段时间之内一直不能恢复与 PLC1 的通信，则不再尝试恢复与 PLC1 通信，这一时间就是指最长恢复时间，比如图 3-5 中设置的 24h，如果将此参数设为 0，则表示最长恢复时间参数设置无效，也就是说，系统对通信失败的设备将一直进行尝试恢复，不再有时间上的限制。

　　使用动态优化： 组态王对全部通信过程采取动态管理的办法，只有在数据被上位机需要时才被采集，这部分变量称为活动变量。同时，组态王对于那些暂时不需要更新的数据则不进行通信。这种方法可以大幅改善串口通信速率慢的状况，有利于提高系统的效率和性能，建议读者在使用的时候勾选此复选框。

　　用户在设置通信故障恢复参数的时候，一般情况下使用系统默认设置即可。对于本例所采用的仿真 PLC 是一直保持联通的，上述参数的设置意义不大，但是对实际设备则十分重要。

　　最后，得到如图 3-6 所示的结果。

　　如果对其中的配置不满意，可以返回上一步进行修正；如果准确无误的话，单击"完成"按钮就可以了。

　　在配置串口设备的时候，还需要对串口的一些参数进行设置。通过单击工程浏览器"工程目录显示区"中"设备"上"COM1"或"COM2"，然后单击"配置"→"设置串口"菜单命令，或是直接双击"COM1"或"COM2"，弹出"设置串口"对话框，如图 3-7 所示。

图 3-6　通信参数总结

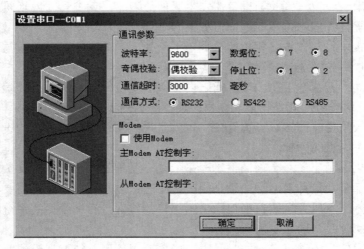

图 3-7　串口参数设置

在图 3-7 中定义串口参数，首先是选择通信方式，可以采用 RS232，也可以采用 RS422 或 RS485。其次是设置通讯参数，即对应的串口数据格式如何？包含几个数据位，几个停止位，有没有校验。对应设备的波特率是多少，都需要在此进行设置，这里的设置必须与实际接入设备一致。仿真测试时，此处直接选择默认值即可。

在 I/O 设备配置完成之后，如果想知道该设备是否正常，可以通过测试功能来进行。比如，这里测试一下与"组态王"连接的虚拟 PLC 是否连接正常，只需要对设置的设备单击鼠标右键，在弹出的快捷菜单中单击"测试 PLC1（PLC1 是虚拟 PLC 的名称）"命令，弹出"串口设备测试"对话框，选择"设备测试"选项卡，如图 3-8 所示。

添加 PLC 对应的某个地址，比如这里的寄存器 INCREA10，然后单击"添加"按钮即可。如果上述过程设置正确，线路连接正常，那么就可以读到 INCREA10 寄存器的值从 0 向 10 变化，反之就会提示通信故障，请进行相应的检查。

由于虚拟 PLC 连接肯定是正常的，在实际设备中也可以采用同样的方法，比如 S7-200 PLC，读者可以添加一个变量，如 M1.0，如果连接正常，就能够读到 M1.0 的值。这种测试方式简单、快速，无需设计画面或编写程序，能很好地判定"组态王"与现场设备的连接状态。

支持设备的多少是衡量组态软件好坏的重要指标之一，因此组态

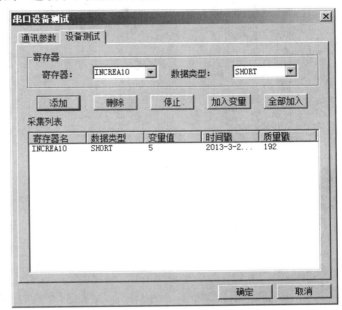

图 3-8　测试设备是否连接正常

软件总是尽可能多地支持常用的工业设备，"组态王"支持的设备主要有 DDE、PLC、板卡、变频器、智能模块、智能仪表等，下面进行简单介绍。

DDE（Dynamic Data Exchange，动态数据交换）：Windows 平台上的一个完整的通信协议，它使支持动态数据交换的两个或多个应用程序能彼此交换数据和发送指令。在"组态王"中主要是指组态软件同 Windows 应用程序间的交互，这些程序可以是 Excel、Word 等 Office 办公软件的应用，也可以是 Windows Media MPlayer 等程序。

PLC：工业最常用的设备之一，"组态王"支持市场所有主流品牌的 PLC，如西门子、欧姆龙、台达等品牌都可以直接在其内部找到。

板卡：这里的板卡主要是指各类插入工业控制计算机卡槽里面的电路板，包括模拟量输入数据采集卡、模拟量输出控制卡、I/O 数字量输入和输出的卡件等。像后面实训章节用到的研华的模拟量输入和输出卡就属于板卡类。

变频器：现在很多变频器本身都带有通信功能，"组态王"以一定的通信方式，如通过串口就可以建立对变频器的连接，直接给变频器设定转速，采集变频器内部数据。

智能模块和智能仪表：该类可选范围很宽，除了一些大的工业品牌外，很多国内的智能模块和仪表都可以在"组态王"软件中找到。

接下来通过 3 个实例来讲述如何利用"组态王"的内置功能建立与外部程序或设备的通信。

【实例 1】"组态王"同 Excel 通过 DDE 建立连接

为了实现 DDE，至少需要一个客户端应用程序，一个服务器端应用程序。但是两者的角色可以进行转换，不一定某个程序一直充当服务器程序，它也可以转变为客户端应用程序。建立连接的过程如下：

1）首先打开组态王工程浏览器——DDE，双击右侧"新建"图标，如图 3-9 所示。

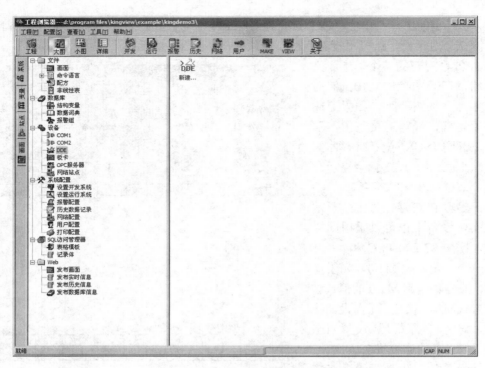

图 3-9　新建 DDE 设备

2）双击 DDE 图标，出现图 3-10 所示的画面。当然，如果用户在菜单栏中双击 COM1 或 COM2 图标，也可以出现图 3-10 所示的配置画面。

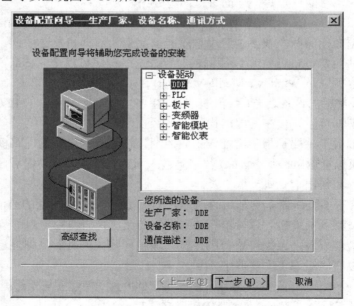

图 3-10　DDE 设备配置向导

3）选择 DDE，单击"下一步"按钮，给所用的 DDE 设备取个名称，本例连接的对象是 Excel，取名为"DDE 连接 excel"，如图 3-11 所示。

4）再单击"下一步"按钮，进入到 DDE 的配置页面，如图 3-12 所示，这是最关键的一步，本例是建立"组态王"同"Excel"的连接，那么这里的服务程序名设为 Excel，对应的是 Excel.exe 程序，话题名实际是所用到的 Excel 电子表格中的表格名，通常以 sheet1、sheet2 命名。数据交换方式是指 DDE 会话的两种方式："高速块交换"是亚控公司开发的通信数据方式之一，它的交换速度快；如果工程人员是按照标准的 Windows DDE 交换协议开发自己的 DDE 服务程序，或者是在"组态王"和一般的 Windows 应用程序之间交换数据，则应选择"标准的 Windows 项目交换"单选项。

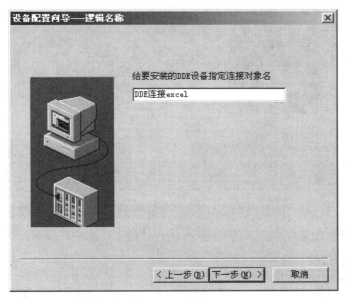

图 3-11　给 DDE 设备设置逻辑名称

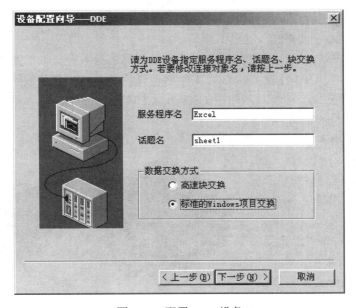

图 3-12　配置 DDE 设备

5）再单击"下一步"按钮，就会出现信息总结页面，如图 3-13 所示，在这里能够看到前面的设置信息，可以帮助工程人员检查配置，如果正确的话，单击"完成"按钮即可，如果有问题可以返回上一步进行修改。

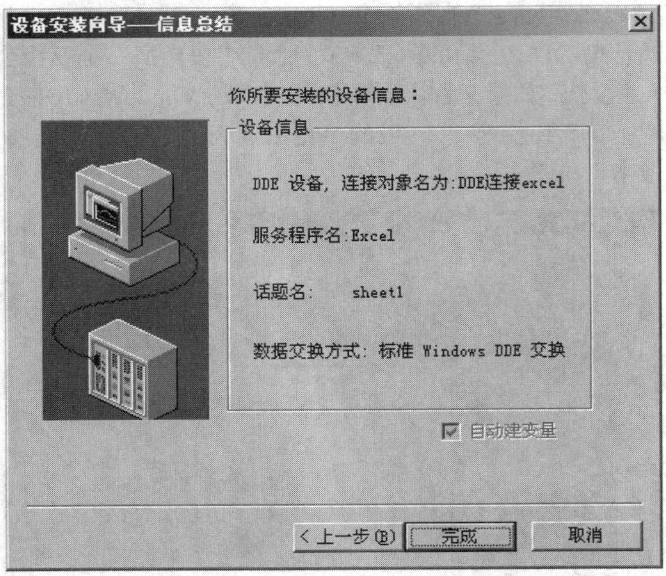

图 3-13　DDE 设备信息总结页面

到此，DDE 设备配置完成。如何对 DDE 所连接的 Excel 进行操作，仍需涉及变量环节的操作，见下一节数据库部分。

【实例 2】"组态王"同 BCNet-S7 PPI 的连接

PLC 是工业常用的控制器件，通常充当现场设备的控制核心。本例是通过计算机的网口与西门子 S7-200 系列 PLC 进行连接，如果想了解 S7-200 系列 PLC 通过普通串口建立连接的情况，可以参考本书在后续的实训章节中关于"组态王"同西门子 S7-200 系列 PLC 的连接。其他品牌的 PLC 连接方式类似，这里不再赘述。

BCNet 是一款国产的西门子 S7 系列 PLC 与以太网进行数据交换的通信模块，它可以用来替代西门子 CP243、CP343 及 CP443 以太网通信模块，并且具有开放的协议接口，可以用来实现上位机软件的二次开发。（西门子 CP243、CP343 及 CP443 以太网通信模块同"组态王"连接的方式与本例基本一致。）

BCNet 的外形及其与 PLC 的接口如图 3-14 所示，该模块一端安装在 PLC 的串口，另外一端则是通过网线与外界相连，里面除了数据处理之外，类似一个以太网转串口的设备。其与"组态王"建立连接的步骤如下。

1）首先打开组态王工程浏览器——设备（COM1），双击右侧"新建"图标，如图 3-15 所示。

图 3-14　BCNet 实物图

2）然后选择西门子 S7-200 系列（TCP）驱动，如图 3-16 所示。

3）单击"下一步"按钮，再填入设备名称，如图 3-17 所示。

图 3-15　新建 I/O 设备

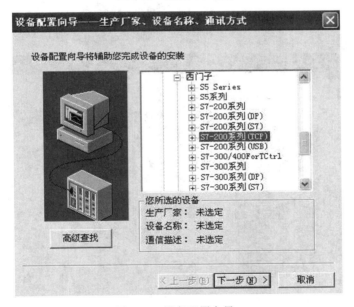

图 3-16　设备配置向导 1

4）再单击"下一步"按钮，填入 BCNet-S7 PPI 的 IP 地址、CPU 槽号（默认为 0），如图 3-18 所示。这里填入的 IP 地址要与实际的一致。

接下来设置通讯参数，同前面的配置一样，读者也可以选择默认值，这样就完成了 BCNet 的配置，从而建立了"组态王"和 S7-200 PLC 的连接。

【实例 3】"组态王"同 DTU 的连接

随着技术的发展，无线设备越来越多地应用到了工业场合，其中 DTU 就是一个主要的设备。DTU（Data Transfer Unit）全称数据传输单元，是专门用于将串口数据转换为 IP 数据或将 IP 数据转换为串口数据通过无线通信网络进行传送的无线终端设备。通过 DTU，能够建立如图 3-19 所示的网络结构，以实现基于计算机的设备参数远程监控。本例选用的 DTU 型号为 WG-8010，其他 DTU 配置同本例类似。

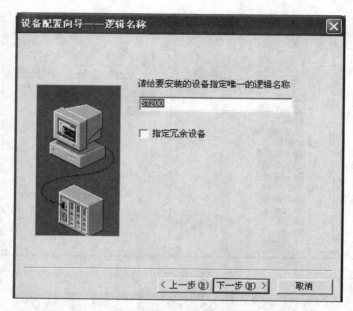

图 3-17　设备配置向导 2

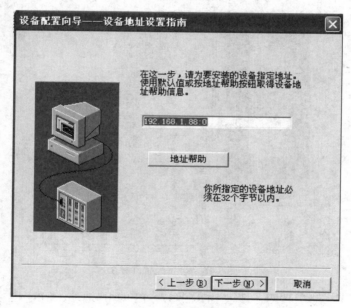

图 3-18　设备配置向导 3

建立"组态王"与 DTU 的连接，需要进行如下设置：

1）新建 I/O 设备及其通信设备。如图 3-20 所示，在开发系统的工程项目中选择板卡设备，在 PLC 选项中可以选择莫迪康设备中的 ModbusRTU 串行口设备，然后单击"下一步"按钮选择新建此设备的通信设备。

2）选择设备的通信方式。如图 3-21 所示，选择通信方式为使用虚拟串口（GPRS 设备）KVCOM1，然后单击"下一步"按钮继续配置虚拟串口的相关参数。

3）选择虚拟串口的 DTU 驱动并设置端口号和设备标识信息，如图 3-22 所示。

在图 3-22 中，选择设备厂家为厦门桑荣或深圳宏电（与 DTU 选择的兼容协议一致），然

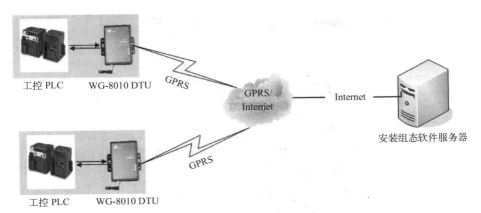

图 3-19　利用组态软件和 DTU 进行交互的网络结构示意图

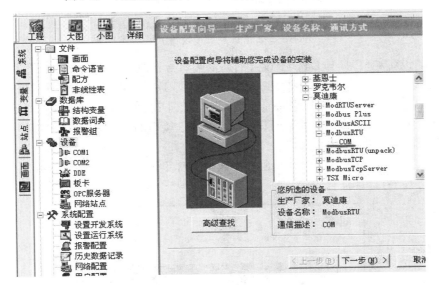

图 3-20　新建 I/O 设备及其通信设备

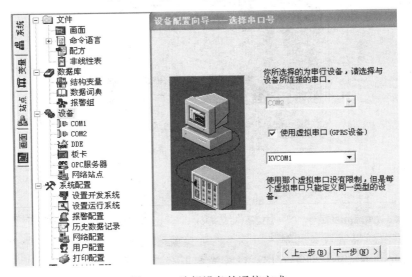

图 3-21　选择设备的通信方式

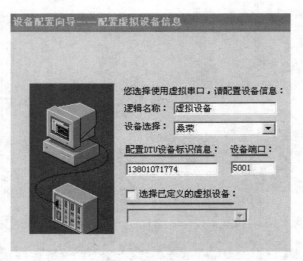

图 3-22　配置虚拟设备信息

后设置软件的设备端口号（与DTU中设置的通信端口号一致），再设置此通信设备的配置DTU设备标识信息，此编号与DTU中的相关设置需完全一致，才能在通信建立时通过识别认证。

　　当选定"选择已定义的虚拟设备"复选框时，在下拉框中将显示已经定义的虚拟设备，用户可以选择添加。此项选择适用于只有1个RS485接口的GPRS DTU，需连接多个具有相同协议的数据采集终端的情况。

　　配置完成后，将在图3-23中显示出一个逻辑名称为虚拟设备的通信设备，这样，就建立了"组态王"与DTU的连接。

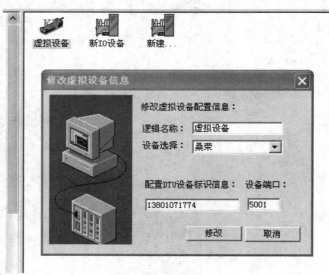

图 3-23　修改虚拟设备信息

　　☺小贴士：Modbus是一个常用的总线协议，在工业中应用的十分广泛，比如一些单片机、变频器等设备同组态王软件的连接就可以采用Modbus，主要以Modbus RTU、Modbus ASCII等形式出现，读者可以在莫迪康设备中选择。

3.2.2　虚拟 PLC

真实的 PLC 会有输入/输出的数字变量、模拟变量等，数据类型较为丰富，比如在 S7-200 PLC 中就会有 I0.1、M100 等这样的变量。而"仿真 PLC"则提供六种类型的内部寄存器变量 INCREA、DECREA、RADOM、STATIC、STRING、CommErr，其中 INCREA、DECREA、RADOM、STATIC 寄存器变量的编号从 1～1000，变量的数据类型均为整型（即 SHORT），STRING 寄存器变量的编号从 1～2。对这六类寄存器变量分别介绍如下：

INCREA 寄存器变量的最大变化范围是 0～1000，寄存器变量的编号原则是在寄存器名后加上整数值，此整数值同时表示该寄存器变量的递增变化范围。例如，INCREA100 表示该寄存器变量从 0 开始自动加 1，其变化范围是 0～100，加到 100 后，类似单片机数据溢出，数据又变为 0；又如，INCREA3 会从 0 开始加，一直加到 3，加到 3 之后会突变成 0，而后重复上述过程。

因此，INCREA 寄存器数据变化曲线是一个锯齿波形状，如图 3-24 所示，关于寄存器变量的编号及变化范围见表 3-1。

类似地，也有自动减 1 寄存器 DECREA，该寄存器变量的最大变化范围是 1000～0，寄存器变量的编号原则是在寄存器名后加上整数值，此整数值同时表示该寄存器变量的递减变化范围。例如，DECREA100 表示该寄存器变量从 100 开始自动减 1，其变化范围是 100～0，到 0 后该变量又会回复到 100，重复这一过程。其数据变化类似图 3-24 所示 INCREA 寄存器数据变化示意图，只是方向相反。

此外，RADOM 寄存器也经常被使用到。该寄存器变量的值是一个随机值，可供用户读取，与上述两种变量不同，该变量是一个只读型，用

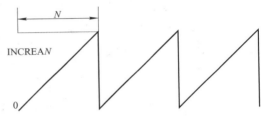

图 3-24　INCREA 寄存器数据变化示意图

表 3-1　INCREA 寄存器表

寄存器变量	变化范围
INCREA1	0～1
INCREA2	0～2
INCREA3	0～3
⋮	⋮
INCREA1000	0～1000

户写入的数据无效。此寄存器变量的编号原则是在寄存器名后加上整数值，此整数值同时表示该寄存器变量产生数据的最大范围，例如，RADOM100 表示随机值的范围是 0～100。

STATIC 寄存器变量是一个静态变量，可保存用户下发的数据，当用户写入数据后就保存下来，并可供用户读出，直到用户再一次写入新的数据。此寄存器变量的编号原则是在寄存器名后加上整数值，此整数值同时表示该寄存器变量能存储的最大数据范围，例如，STATIC100 表示该寄存器变量能接收 0～100 中的任意一个整数。STRING 寄存器里面存放的是字符串，CommErr 寄存器存放的是通信故障，它们使用较少，这里不再进行展开叙述。

3.3　数据库

3.3.1　数据词典

在"组态王"中，不论是来自现场的值还是软件内部进行计算的值，都需要进行管理，

这个管理的方式就是利用"数据库"。在数据库中存放了系统变量和用户定义的变量。变量的集合形象地称为"数据词典",数据词典记录了所有用户可使用的数据变量的详细信息。

本例的"数据词典"如图 3-25 所示。

数据词典中大部分数据是用户定义的,也有很多系统预设变量,这些变量不需要用户新建,为系统默认变量,一般都是以"$"开始。例如,$年表示系统当前日期的年份,$日期表示返回系统当前日期字符串。这些变量可以直接在后面的动画设计中调用。

此外,还有一部分变量不在数据词典里面新建,但会出现在"数据词典"中,如后面章节介绍的报警窗口变量和历史趋势曲线变量等。

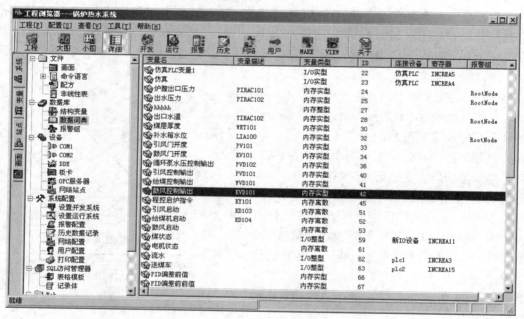

图 3-25　数据词典

☺小贴士:点数是组态软件中一个收费的重要依据,指的就是数据词典里面变量的数据个数。

3.3.2　变量类型

在数据词典中,定义了一个个变量。"组态王"系统中定义的变量与一般程序设计语言(如BASIC、PASCAL、C 语言)中的变量不同,"组态王"中变量的基本类型可以分两类,分别是"I/O 变量"和"内存变量"。

"I/O 变量"即输入/输出变量,顾名思义是说可与外部数据采集程序直接进行数据交换的变量。例如,下位机数据采集设备(如 PLC、仪表等)的参数值或其他应用程序(如 DDE、OPC 服务器等)的数值变量。这种数据交换是双向的、动态的,也就是说,在"组态王"系统运行过程中,每当 I/O 变量的值改变时,该值就会自动写入下位机或其他应用程序;每当下位机或应用程序中的值改变时,"组态王"系统中的变量值也会自动更新,两者数据操作保持同步。所以,那些从下位机采集来的数据、发送给下位机的指令,都需要设置成"I/O 变量"。

"内存变量"是指那些不需要和其他应用程序交换数据,也不需要从下位机得到数据,只在"组态王"内部运行的变量，如计算过程的中间变量，就可以设置成"内存变量"，也可以将它理解为内部变量。

此外，"组态王"还有以下几种变量：

1）实型变量：类似一般程序设计语言中的浮点型变量，用于表示浮点（FLOAT）型数据，取值范围为–3.40E+38～+3.40E+38，有效值 7 位。

2）离散型变量：类似一般程序设计语言中的布尔（BOOL）变量，只有 0 和 1 两种取值，用于表示开关量。

3）字符串型变量：类似一般程序设计语言中的字符串变量，可用于记录一些有特定含义的字符串，如名称、密码等。该类型变量可以进行"比较运算"和"赋值运算"。字符串长度最大值为 128 个字符。

4）整型变量：类似一般程序设计语言中的有符号长整数型变量，用于表示带符号的整型数据，取值范围为–2147483648～+2147483647。

5）结构型变量：为方便用户快速、成批定义变量，组态王支持结构型变量。简单说，结构型变量就好比 C 语言中的结构体，两者功能类似。当组态王工程中定义了结构型变量时，在变量类型的下拉列表框中会自动列出已定义的结构变量。结构变量的数据类型可以是上述 4 种数据类型中的一种或多种。

3.3.3　添加单个变量

1．创建"I/O 变量"

在工程项目中，有许多画面需要设计，画面中又会有许多设备，而要监视设备的参数或运行状态，就需要创建"I/O 变量"来传递信息。例如，某工程需要对排风风机进行监控，就要创建一个"I/O 变量"来表示风机的状态参数。

在"数据词典"右侧的最后一条有个"新建"的栏目，可以双击它来新建变量，如图 3-26 所示。

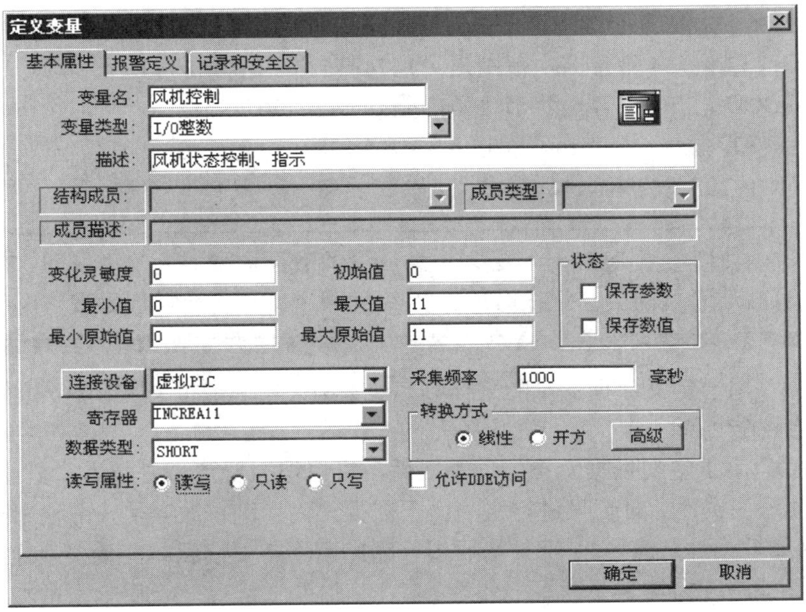

图 3-26　定义变量

　　变量定义的对话框有三个选项卡标签，分别是基本属性、报警定义、记录和安全区。在本章仅讨论"基本属性"选项卡，另外两个选项卡标签会在后续章节中提及。

　　在"变量名"文本框中可以输入所需要的变量名称，"组态王"的变量名支持中文，因此变量名称变得非常直观，这非常利于我国的工程师来进行设计。

　　在本例中，因为风机是外部设备，尽管是虚拟的 PLC 采集，而采集的数据经 A-D 转换后为整型数，所以，需要将"变量类型"定义为"I/O 整数"，取值范围在 0～11。

　　"变化灵敏度"只有在数据类型为模拟量或整型时有效，即在数据变量的值变化幅度超过"变化灵敏度"时，"组态王"才更新与之相对应的变量值和画面显示。其默认值为 0，表示一有变化就进行更新。

　　"最小值"是指该变量值在数据库中的下限。"最大值"是指该变量值在数据库中的上限。"初始值"是指系统从设计状态切换到运行状态时加载的初值。"最小原始值"指的是变量为 I/O 模拟变量时，驱动程序中输入原始模拟值的下限。"最大原始值"指的是变量为 I/O 模拟变量时，驱动程序中输入原始模拟值的上限。

　　对于 I/O 变量，如本例，还需单击"连接设备"选项，以确认该变量是连接哪个逻辑设备的哪个通道，代表什么物理参数。工程人员只需从下拉列表框中选择相应的设备即可，下拉列表框会将设备管理中已安装的逻辑设备一一列举出来。

　　"寄存器"一栏中，本例需要变量在 0～11 进行变化，且是顺序变化，因此最为切合的是 INCREA 寄存器，值应选为 INCREA11。

　　"数据类型"只适用于 I/O 类型的变量，且需与寄存器的数据类型相对应。组态王共有 9 种数据类型供用户使用，这 9 种数据类型分别是：

① BIT：1 位，范围是 0 或 1；
② BYTE：8 位，1 个字节，范围是 0～255；
③ SHORT：8 位，2 个字节，范围是–32768～32767；
④ USHORT：16 位，2 个字节，范围是 0～65535；
⑤ BCD：16 位，2 个字节，范围是 0～9999；
⑥ LONG：32 位，4 个字节，范围是–2147483648～2147483647；
⑦ LONGBCD：32 位，4 个字节，范围是 0～4294967295；
⑧ FLOAT：32 位，4 个字节，范围是–3.40E+38～+3.40E+38，有效位 7 位；
⑨ STRING：128 个字符长度。

> ☺小贴士：使用仿真 PLC 时，必须注意变量的数据类型均为整型（即 SHORT）。此外，有些读者可能会忘记在 INCREA 后面跟上参数也会导致错误。

　　"采集频率"用于定义数据变量的采样频率。本例采用了虚拟 PLC，这样的话，实际就表示为该变量变化的频率。

　　"读写属性"用于定义数据变量的读写属性，可根据需要定义变量为"只读"属性、"只写"属性、"读写"属性。对于只进行采集而不需要人为手动修改其值，并输出到下位设备的变量一般定义属性为"只读"；对于只需要进行输出而不需要读回的变量一般定义属性为"只写"；既能读又能写，自然是"读写"属性。

　　"转换方式"选项组中，"线性"转换是最理想的方式。比如，外部设备连接的是一个压力变送器，该变送器已经将压力信号跟输出的电流信号成正比，如测量范围为 0～10kPa，组态王通过 I/O 设备读取采集数据，若采集值为 0 代表没有压力，若采集值为满度值的一半则代表压力为 5kPa，若采集值为满度则代表压力为 10kPa。这样可以非常容易地将当前组态王读到的值与实际的压力进行对应。

也有些传感器经过处理后并不是线性的关系。比如，流量需要做开方运算，有时还需要累加。再如热电偶，热电势与温度存在非线性关系，通常会将非线性的值进行分段的线性插值，这就可以采用导入非线性表的方式来实现。

在图 3-26 的界面中单击"高级"按钮，弹出"数据转换"对话框，如图 3-27 所示。

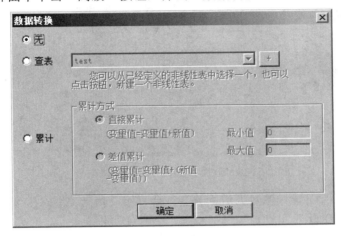

图 3-27　"数据转换"对话框

非线性分段线性化一般选择查表的方式，如果没有表格，可以单击图 3-27 中的"+"按钮来构建一个表格，如图 3-28 所示，可以直接在里面输入点，也可以导入其他如.CSV 格式的文本数据文件。单击"累计"单选按钮，可实现流量的直接累计或差值累计功能。

在上一节中，创建了一个 DDE 设备连接到 Excel，那么怎样将 Excel 表格内的数据同"组态王"关联起来呢？

创建一个名称为"DDE 设备"的设备，该设备选择关联到 Excel 程序，同时在工程的路径下放置一个 Excel 文件。然后，在工程浏览器左边的工程目录显示区中，选择"数据库"→"数据词典"节点，再在右边的目录内容显示区中双击"新建"图标，弹出"定义变量"对话框，在此对话框中建立一个 I/O 整型变量，如图 3-29 所示。变量名设为 DDE

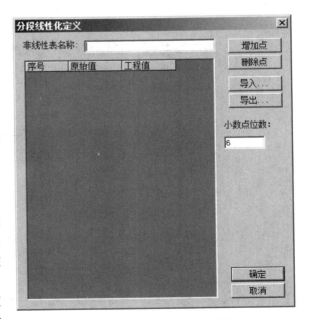

图 3-28　构建分段线性化曲线

变量，项目名设为 r1c1，表明此变量将和 Excel 第一行第一列的单元进行连接。在读写属性中，一定要勾选"允许 DDE 访问"复选框。

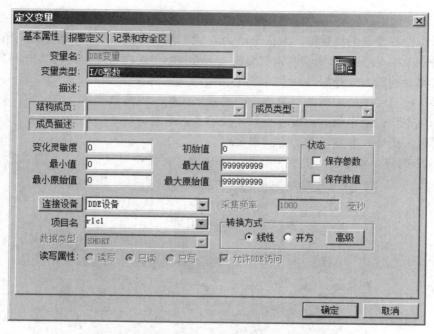

图 3-29　添加与 DDE 设备相连的变量

对 Excel 中第一行第一列的数据进行改变，会直接反映到"组态王"中。

2. 创建"内存变量"

下面再来添加一个"内存变量"，"内存变量"的添加比"I/O 变量"的添加相对简单，它不需要连接外部设备，所涉及的变量属性较少，大部分内容与"I/O 变量"相同，如图 3-30 所示，在此不做详细展开介绍。

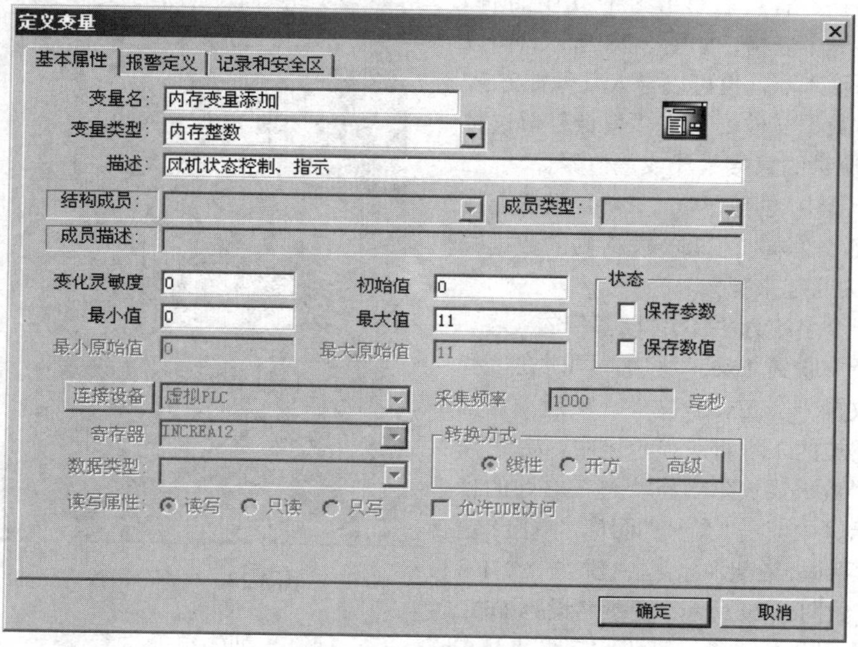

图 3-30　添加内存变量

3.3.4 添加结构变量

组态王中支持结构变量，类似于 C 语言的结构体，结构变量作为一种变量类型，方便用户将相关的属性进行整合。结构变量可以包括多个成员，每一个成员是一个基本变量，成员类型可以为内存离散、内存整型、内存实型、内存字符串、I/O 离散、I/O 整型、I/O 实型、I/O 字符串。

要使用结构变量，首先需要定义结构模板和结构成员属性。结构变量定义的对话框如图 3-31 所示，包含新建结构、增加成员、删除、编辑四种操作。图中结构变量的名称为"PID"，可以看到所包含的成员有 kp、ki、kd、采样时间等。上述名称在使用中首位不能为数字，中间不能包含空格。

图 3-31 结构变量定义

3.3.5 变量组管理

在设计中，如果变量较多，为方便管理，可以对这些变量进行分组，这样在寻找和更改变量时就能在一个小的区间里进行操作，能有效提高效率。下面简要地描述一下变量组的设置。

新建变量组，需要在工程浏览器左侧"系统""变量""站点""画面"四个标签中，单击"变量"，出现如图 3-32 所示的窗口，选中"变量组"，右击会弹出"建立变量组"的菜单命令，单击此命令就可以建立变量组了。建立变量组之后，可以同上述过程添加变量一样，添加对应变量组里面的变量。

图 3-32 变量组管理

这里介绍将"仿真 PLC 变量 1"放到变量组 2 的过程。选中该变量右击，在弹出的快捷菜单里面选择"移动变量"命令，然后单击图 3-32 中的变量组 2，在右侧窗口的空白处右击，选择"放入变量组"命令，如图 3-33 所示。这样就完成了数据从不同变量组的直接移动。

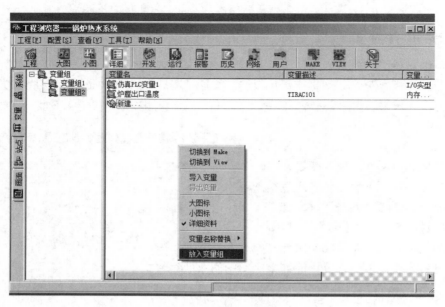

图 3-33　移动数据到不同变量组

3.3.6　变量的导入与导出

有时候我们希望能在别的地方调用在组态软件上建立的变量，比如做项目文档。如果单纯采用截图的形式就不那么方便了，这就用到了"组态王"的数据导入/导出的功能。

导出功能需要关闭"组态王"的"工程浏览器"，然后到"工程管理器"里单击其工具栏上的"DB 导出"按钮加以实现。

导入功能使用非常简单，在上述变量管理的串口右击，在快捷菜单中选择"导入变量"命令就可以导入 Excel 或者 Access 数据格式的变量了，也可以跟导出数据一样在"工程管理器"里进行。导入数据需要一定的格式要求，如果用户不了解数据格式，不妨先导出一下原有工程的数据来做一定对照。

以 Excel 为例，数据格式如图 3-34 所示。

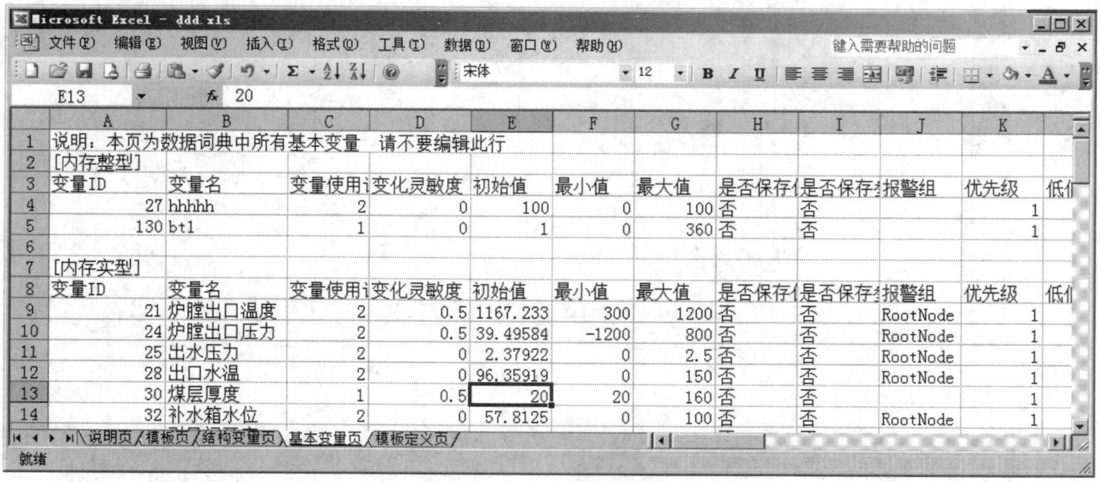

图 3-34　组态王导出 Excel 数据格式

如果读者对 Excel 或者 Acess 操作十分熟练，为了追求效率，也可以在这些软件里面管理组织变量，然后导入到"组态王"中。对于一般用户，建议还是在组态王中对变量进行管理，仅在别处用到时，才导出查看。

Access 导出操作类似，这里就不再赘述了，读者可以自行练习。

本 章 小 结

本章主要讲述了如何添加外部设备和变量，重点讲述了一个虚拟的外部设备"虚拟 PLC"，并详细描述了添加"I/O 变量"和"内存变量"的过程。

习　　题

1. 建立一个虚拟 PLC 设备，并使之配置在 COM2 中，设置地址为 3。

2. 新建两个变量组，分别命名为"I/O 变量组"和"内存变量组"，并在"I/O 变量组"里添加一个基于虚拟 PLC 的 I/O 整数变量，在"内存变量组"里添加一个内存实数变量。

3. 将题 2 所设计的变量分别以 Excel 和 Access 格式导出。

4. 组态王如何进行本机或者网络上的数据交互？

5. 简述如何在使用仿真 PLC 设备前，对其进行定义。

6. "仿真 PLC"提供的六种类型的内部寄存器变量是什么？各有何特点？

7. 试阐述变量设定中最大（小）值及最大（小）原始值的意义。

8. 在定义变量的基本属性时状态栏中的保存数值、保存参数分别是什么意思？

9. 如何用组态王在启动一个应用程序时打开任意路径下的文件？

 阅读资料

设备驱动开发与 Modbus 简介

"组态王"是监控和操作底层控制器（如 PLC、单片机等）的软件，在"组态王"和底层控制器间有数据的交换，对于一些常用设备，组态王已经内置了设备连接的驱动，如西门子、ABB 等公司的设备，这些设备可以直接通过在串口处添加即可，但是对于那些在列表中无法找到的设备，就需要通过自己编写驱动程序，以实现"组态王"和底层硬件的通信。

在"组态王"中开发驱动程序，需完成以下三项内容：

1）定义设备的变量。

2）定义驱动类型：串口或网络，以及通信方式。

3）通信包的属性等。

亚控科技提供了 3.0 的驱动程序开发包，这是一个使用 VC 开发 DLL 驱动的工具，具体可参考开发包用户手册；编写驱动程序就是完成组态王 touchexplore.exe 和 touchview.exe 调用的底层函数，在开发前首先需要确定安装了组态王驱动开发包 3.0 和 visual studio.net2003。

开发过程分为以下 6 个步骤：

1）分析通信协议。需要确定数据包的格式，即驱动程序是接受什么样的数据，如何检验数据，并把它传给"组态王"，组态王又怎样根据得到的数据去解析各变量。

2）制定驱动规格。主要包括 3 部分：定义设备选择（在组态王设备列表里面怎么找到这个设备）、设备地址（设备地址的范围，在接口程序中有检测）、寄存器列表说明（是接口函数主要传递的数据，由下位机采集传输给"组态王"，也可由组态王发送到下位机）。

3）编写代码。3.0 提供了驱动的框架，包括数据、类和函数的定义，但需修改接口函数部分，以使得驱动程序和下位机通信协议匹配。

4）添加设备列表。驱动程序编译通过后形成的是.dll 文件，需要通过 deaedit 程序生成 des 文件，再通过驱动安装程序安装到"组态王"中，这样驱动才会显示到设备列表中；也可直接用设备列表维护工具"Devman.exe"来维护设备列表文件 Devlst.dat，这个工具可在 kingviewdriver 目录中找到。

5）测试。可以采用虚拟串口或者实际串口进行调试，通过设置断点可以检测到"组态王"运行时的数据，可以通过 ProcessPacket2 的函数实现数据的传递。

这里面最重要的部分就是定制通信协议，在组态王所支持的设备中，有一个选项用得非常多，那就是 Modbus，此协议支持传统的 RS232、RS422、RS485 和以太网设备。许多工业设备，包括 PLC、DCS、智能仪表等都在使用 Modbus 协议作为它们之间的通信标准。

Modbus 是由 Modicon 公司（现为施耐德电气公司）在 1979 年开发的，是全球第一个真正用于工业现场的总线协议。为更好地普及和推动 Modbus 在基于以太网上的分布式应用，目前施耐德公司已将 Modbus 协议的所有权移交给 IDA（Interface for Distributed Automation，分布式自动化接口）组织，并成立了 Modbus-IDA，为 Modbus 今后的发展奠定了基础。在中国，Modbus 已经成为国家标准 GB/T 19582—2008。据不完全统计，截止到 2007 年，Modbus 的节点安装数量已经超过了 1000 万个。

Modbus 协议是应用于电子控制器上的一种通用协议。通过此协议，可以实现控制器相互之间、控制器经由网络（如以太网、RS485）和其他设备之间的通信，该协议已成为一个通用的工业标准。有了它，不同厂商生产的控制设备可以连成工业网络，进行集中监控。此协议定义了一个控制器能认识使用的消息结构，而不管它们是经过何种网络进行通信的。它描述了一控制器请求访问其他设备的过程，如何回应来自其他设备的请求，以及怎样侦测错误并记录。它制定了消息域格局和内容的公共格式。

当在 Modbus 网络上通信时，每个控制器需要知道网络上所有设备的地址，识别按地址发来的消息，决定要产生何种动作。如果需要回应，控制器将生成反馈信息并用 Modbus 协议发出。

Modbus 具有以下几个特点：

1）标准、开放，用户可以免费、放心地使用 Modbus 协议，不需要交纳许可证费，也不会侵犯知识产权。目前，支持 Modbus 的厂家超过 400 家，支持 Modbus 的产品超过 600 种。

2）Modbus 可以支持多种电气接口，如 RS232、RS485 等，还可以在各种介质上传送，如双绞线、光纤、无线等。

3）Modbus 的帧格式简单、紧凑，通俗易懂。用户使用容易，厂商开发简单。

正如前面所说，Modbus 主要在以太网和 RS485 网络上进行通信。Modbus 协议在 TCP/IP 上的实现相对较为复杂，这里不再深入展开，读者可以选择阅读《Modbus Protocol》等相关专业文献，本阅读资料主要是针对 Modbus 在串行链路上的实现。通过对此的了解，读者可以利用单片机等编制程序与"组态王"进行连接，为您设计的设备提供一个快速的上位机解决方案。

那么使用 Modbus 协议实现 RS485、RS232 等串行网络通信，就要对串口通信参数（波特率、校验方式等）进行配置，而且连接到 Modbus 网络上的所有设备必须选择相同的传输模式和串口参数。

Modbus 是一种主从协议，由主站发起，对应的数据形式如图 3-35 所示。

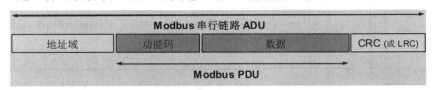

图 3-35　Modbus 数据形式

Modbus 协议的站地址由一个字节组成。在总线上，每个从设备必须指定一个唯一的站地址（从 1 到 247），只有当通信报文中地址与该从设备地址相同时，该从设备才能应答主站的通信报文。从设备应答的通信报文也必须包含该地址，以告知主站，这个通信报文是哪个从设备应答的。广播报文的地址是 0，所有的从站可以根据广播报文进行相应的动作，但是一般不能应答该广播报文。

功能码指示从设备应该执行什么动作。若应答的功能码最高位被置位，则表示从设备不能够正确执行此功能码。若一致，则表示从设备能够正确执行此功能，并能够返回功能码所需要的数据（如果有）。常用的 Modbus 通信指令有：

01　读保持线圈状态（read coil status）

02　读输入线圈状态（read input status）

03　读保持寄存器（read holding register）

04　读输入寄存器（read input register）

05　写单个线圈（force single coil）

06　写单个寄存器（preset single register）

15　写多个线圈（force multiple coils）

16　写多个寄存器（preset multiple registers）

RS485 和 RS232 定义了标准的物理端口，提高互可操作性。

在 Modbus 网络通信中，有两种传输模式（ASCII 或 RTU），使用中可选取其中一种。

数据区是主站需要发送给从站的数据，或者是从站需要返回给主站的数据。数据的具体含义由功能码来定义。特别地，有些功能码不包含数据区，数据区大小可以为 0。

校验码让接收数据方来检查通信的传输过程中是否有错误发生。有时因为干扰使得数据传输过程中发生了错误，而校验码使得数据接收方能够判断这种错误并忽略此通信报文。校验码极大地增加了 Modbus 系统的安全性。具体方式是，发送方根据所发送的数据，采用特定的算法生成一个校验码，并将校验码放在发送数据的后面一起发送。接收方接收到通信报文后，根据前面的数据部分，采用同样的算法也生成一个校验码，然后比较自己生成的校验码和通信报文中的校验码是否一致，若一致，则表示通信报文是有效的。在通信过程中，不论是数据发生了传输错误还是校验码发生了传输错误，都会导致检验不一致。当然，数据和校验码同时发生了传输错误且刚好校验一致的可能性是有的，概率却微乎其微。

在 Modbus 中，RTU 模式必须采用 CRC16 校验码。在单片机中实现一般有两种方法，查表法或者运算法，但为了减少单片机的负担，一般采用查表法居多。

接下来以一个实际的例子来说明 Modbus 指令的响应情况。以"01"代码为例，下面是一个从 17 号从设备读取线圈 00019～00055 的例子，ASCII 形式，问询内容见表 3-2。

表 3-2　Modbus 读取线圈指令示例

字节	1	2	3	4	5	6	7	8
说明	从机地址	功能码	寄存器起始地址高位	寄存器起始地址低位	寄存器数量高位	寄存器数量低位	CRC 校验高位	CRC 校验低位
内容	11	01	00	13	00	25	0e	84

发送数据必须包含需要读取线圈的起始地址和线圈个数。表 3-2 中，寄存器的起始地址为 "13"，这是一个十六进制的值，等同于十进制的 "19"；线圈的起始地址从 "0" 开始，例如 "线圈 1" 用 "0" 来进行寻址，"线圈 16" 就用 "15" 来寻址，需要读取的线圈总数是 37 个，对应十六进制为 "0x25"。

当从机收到上述代码时，先判定是否是发往本机的代码，不是本机则不响应，否则发出应答。其中线圈的状态通过数据中的位来传送。数据位 1 表示线圈为 ON，数据位 0 表示线圈为 OFF。第一个数据字节的小端位为第一个需要查询的线圈状态，其余的线圈状态紧跟其后。若线圈个数不是 8 的倍数，多余的位需要被 0 填充。

下面是对上述问询的一个应答，结果见表 3-3。

表 3-3　Modbus 应答指令示例

字节	1	2	3	4	5	6	7	8	9	10
说明	从机地址	功能码	返回字节数	数据 1	数据 2	数据 3	数据 4	数据 5	CRC 校验高位	CRC 校验低位
内容	11	01	05	CD	6B	B2	OE	1B	48	2C

这里，线圈对应的地址是 0020～0056，其中数据 1 表示 0020～0027，8 个位，刚好一个字节。

注意，在实际应用中，指令应答的长度是不固定的，应答的长度写在上述字符串的第 3 个字节中，用来指示一共有多少个数据字节需要被传送，最后以 CRC 校验收尾。

其他指令不在此赘述。读者如果有兴趣可以编写基于 RS232 或者 RS485 的代码，您可以从网上找到实现的源代码或者联系作者获取。只要您设计的作品符合 Modbus 的规范，那么您完全可以将您的作品同 "组态王" 进行连接了。

第4章 系统画面设计

教学目标

☞ 掌握基本图形的绘制
☞ 掌握基本元素如文本、按钮、线条等操作
☞ 掌握复杂图像的导入和相关处理
☞ 掌握图形的组合、排列方法
☞ 熟悉图库精灵的组合和操作

教学要求

知识要点	能力要求	相关知识
画面属性设置	（1）了解画面风格的三种类型 （2）掌握画面属性的设置，创建新画面 （3）了解画面设计的小技巧，如调整画面元素的位置	
导入复杂图形	掌握复杂图形的导入和相关处理的方法	点位图
绘制几何图形	掌握基本图形的绘制	
重复单元的组合	掌握图形的组合、排列方法	
线条等其他图形	掌握线条、按钮等基本元素的操作	
图库精灵	（1）掌握图库精灵的应用 （2）学会建立自己的图库精灵	图库管理器

引例

在学习编程软件的时候会做一些图形的绘制，比如绘制一个五角星并让其闪烁。那么是不是要编写画线程序、颜色填充程序、闪烁程序，单纯依靠编程语言，绘制这样一个五角星可能需要花费你1h或者更多的时间。如果你面对的题目是将对面的机械手的几个动作再现一遍，你会做何感想？依靠学习的编程软件比如VB，怕是要做很久很久，能不能有个软件能像Windows的画图工具或者更专业的画图工具一样绘制，然后还能再设置动作？这就是组态软件，接下来介绍的便是组态软件的画面设计。

4.1 概述

随着国内工业生产技术的进步和自动化技术的发展，企业对自动化监控系统的需求越来越大，要求越来越高。组态王监控软件以界面简单明了、易于操作、数据采集实时性好和高可靠性等特点得到越来越多用户的青睐。由于组态王还具有工程开发周期短、系统便于升级和维护，以及丰富的图库和操作向导等优势，在工业控制系统中得到广泛应用。

锅炉是一种常见的能量转换设备，向锅炉输入的能量有燃料中的化学能、电能、高温烟气的热能等形式，而经过锅炉转换，向外输出具有一定热能的蒸汽、高温水或有机热载体。锅炉中产生的热水或蒸汽可直接为工业生产和人民生活提供所需热能，也可通过蒸汽动力装置转换为机械能，或再通过发电机将机械能转换为电能。提供热水的锅炉称为热水锅炉，在工业生产和人民生活中均有大量应用。本章就以热水锅炉为例，利用组态王来进行画面设计，所设计的画面如图 4-1 所示。

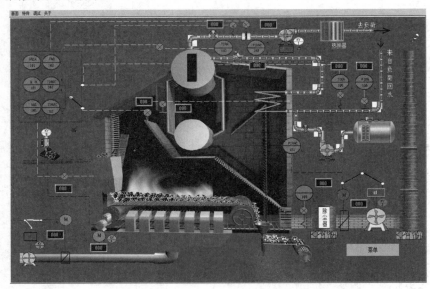

图 4-1　热水锅炉工艺画面

在图 4-1 中，需要绘制的内容较多。主体过程是锅炉将来自负荷的冷水进行加热，将热水送至负荷。在这一过程中，加热的能量是依靠煤炭的燃烧，煤炭燃烧后的残渣需要送出，燃烧过程所产生的烟尘需要通过烟囱排出，因此，根据工艺要求，有很多的变量需要监控。所以，需要添加锅炉、煤炭、烟囱、冷热水管、运煤设备、各种风机、各类仪表等，并通过连接形成一个完整的工艺画面。

本章将从画面属性设置开始，来介绍如何开展画面设计。

4.2　画面属性设置

按照第 2 章介绍的方法建立工程后，双击该工程，便进入到"工程浏览器"。"工程浏览器"是开发的主体，后面的设计工作都是从建立工程项目开始的。如图 4-2 所示，在"工程浏览器"左侧的工程目录显示区中，"文件"下选择"画面"。

在右侧的目录内容显示区中选择"新建"图标，双击该图标，弹出"新画面"对话框，或者右击"新建"图标，选择"新建画面"命令，弹出"新画面"对话框，如图 4-3 所示。

在"画面名称"文本框内，用户可以输入新建画面的名称，"组态王"支持中文名称的输入，画面名称最长为 20 个字符，将

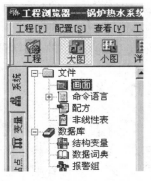

图 4-2　工程目录显示区

此画面命名为"系统图"。如果在"画面风格"选项组里选中"标题杆"复选框，此名称将出现在新画面的标题栏中。"对应文件"文本框可输入本画面在磁盘上对应的文件名，也可由"组态王"自动生成默认文件名，对应文件名称最长为 8 个字符。画面文件的扩展名必须为".pic"，一般不建议用户自己定义，以免出现重名等情况。"注释"文本框用于输入与本画面有关的注释信息，注释最长为 49 个字符。

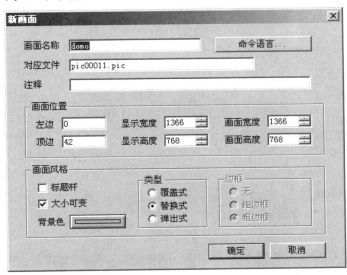

图 4-3　创建新画面

"画面位置"选项组中的 6 个数值决定画面显示窗口位置、大小和画面大小。系统以平面的左上角顶点为左边零点来定义，单位是像素。比如用户使用的是 17 英寸的显示器，那么一般情况下，该显示器的分辨率是 1024×768。如果想建立一个铺满平面的画面，可以选择左边为"0"、顶边为"0"，显示宽度为"1024"、显示高度为"768"。"画面宽度"和"画面高度"指画面的大小，是画面总的宽度和高度，总是大于或等于显示窗口的宽度和高度。

"组态王"中画面的最大宽度和高度为 8000×8000，最小宽度和高度为 50×50。当定义画面的尺寸小于或者等于显示窗口大小时，不显示窗口滚动条；当画面宽度或者高度超过显示窗口时，则会显示相应的水平滚动条或垂直滚动条。我们可以通过鼠标来滚动画面，这时候，如选择"工具"→"显示导航图"命令，则在画面的右上方有一个小窗口出现，此窗口为导航图，可显示当前窗口在整个画面中的相对位置，方便用户对大型画面进行查找和定位。

在"画面风格"选项组中，可以设置所涉及的画面大小可变。改变画面大小的操作与改变 Windows 窗口相同。

"画面风格"选项组中有三种画面类型可供选择。

1)"覆盖式"：新画面出现时，重叠在当前画面之上。关闭新画面后被覆盖的画面又可见。

2)"替换式"：新画面出现时，所有与之相交的画面自动从屏幕上和内存中删除，即原所有画面被关闭。建议使用"替换式"画面以节约内存。

3)"弹出式"："弹出式"画面被打开后，始终显示为当前画面，只有关闭该画面后才能对其他组态王画面进行操作。

在使用"弹出式"画面时需要注意：

1)"画面风格"下的"标题杆"选项只对开发系统起作用，也就是说，无论是否选择该项，"组态王"运行系统都显示标题杆。

2）一个"组态王"工程中可以包含多个"弹出式"画面，但是在"组态王"开发系统下进行运行系统主画面配置时最多只能选择一个"弹出式"画面。这点与 Windows "模态窗口"概念相吻合。

3）在"组态王"运行系统中，如果打开了"弹出式"画面，那么运行系统的所有系统菜单都变为不可用状态，不能通过菜单或命令语言来关闭、打开、隐藏其他组态王画面。可以通过单击"弹出式"画面标题栏上的关闭按钮或使用命令语言函数来关闭"弹出式"画面。"弹出式"画面关闭后，系统将恢复打开"弹出式"画面前的状态。注意，隐藏画面的函数 HidePicture 对"弹出式"画面无效。

4）在"组态王"运行系统中，如果打开了"弹出式"画面，运行系统的关闭按钮也处于不可用状态。如果想退出运行系统，可以通过关闭"弹出式"画面，或者使用快捷键〈ALT+F4〉，还可以使用命令语言函数"Exit(0)"等方式实现。

画面边框的三种样式，可从中选择一种。只有当"大小可变"选项没被选中时该选项才有效，否则灰色显示无效。

用户也可以选择背景色，这里采用默认颜色。设置完成后就可以进入画面设计的界面了，如图 4-4 所示，可以看到在界面右侧有一个"工具箱"，以后画面设计中的主要操作都可以利用这个"工具箱"来实现。

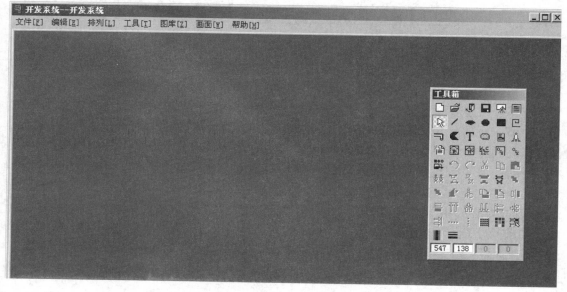

图 4-4　画面设计界面

画面属性在建立画面后，还可以通过右击画面选择"画面属性"命令来进行更改。

4.3　复杂图形的导入

根据前面要求，需要设计锅炉工艺画面，中心部分是一个锅炉，可以用"组态王"像画图板一样进行绘制，但是"组态王"毕竟不是专业的图像处理软件，往往难以取得非常好的画面效果，那么能否利用"组态王"加载已有的图片来做一些精致画面的设计呢？答案是完全可以的，这个时候就需要用到工具箱的"点位图"。操作方法如下：

选择工具箱"点位图"按钮，位于第四行第四列。如果不确定，读者可以将鼠标移到工具箱图标上方，系统将会提示鼠标下方的工具按钮的名称。

然后用鼠标拖出一个矩形，在牵拉点位图矩形的过程中点位图的大小是以虚线表示的，之后可以利用"组态王"的"编辑"→"粘贴点位图"命令或者右击画面空白处从弹出菜单中选择"粘贴点位图"命令将 Windows 剪切板上的点位图粘贴到点位图矩形内。但更为方便的是选择点位图的矩形框，采用右键快捷菜单中"从文件中加载"命令将使用专业绘图工具（如 Photoshop、Firework 等）画出的点位图加载到矩形框中。

如图 4-5 所示，将"锅炉"的主要画面加载到画面中，如果您觉得大小不是十分合适，这时候可以单击点位图，点位图的四周就会出现小箭头，鼠标放在小箭头的位置，会从原先的"十"字转换为"✐"形状，拖拽鼠标就可以调整点位图的大小了。如果想恢复原始的尺寸，可以单击右键后选择"恢复原始大小"命令来实现。例子中还有一些复杂图形，如火焰、烟囱等都是通过加载点位图的方式来实现的。

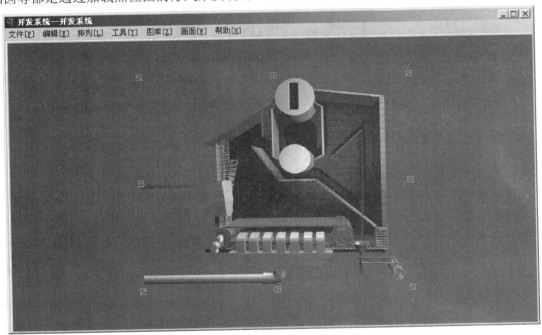

图 4-5　加载点位图

☺小贴士："组态王"中所谓的点位图，是指 BMP 格式的图片，如果您之前所制作的图是 JPG 或者 GIF 格式的图片，需要先转换为 BMP 的格式才可以加载。

此外在画面点位图设计中，最容易碰到的一个问题是点位图有背景颜色，而背景颜色又与所设计的图的背景不同，显示效果就会大打折扣，如图 4-6 所示。

因此，希望将此图背景蓝色去掉，您可以选择用专门的处理软件来处理后导入，也可以利用组态王的"透明化"功能来实现。执行点位图粘贴命令，然后选择菜单"编辑"→"点位图透明"命令或是单击右键执行"透明化"命令，效果如图 4-7 所示。在调色板中指定要透明化的颜色，本示例选择"■"色作为要透明化的颜色（即锅炉图案周边的颜色）。颜色的选取可以通过调色板中的"吸色管"工具实现。

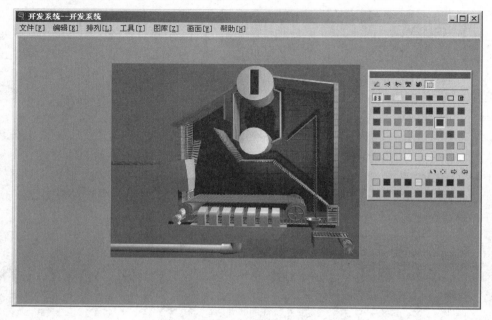

图 4-6　加载点位图（彩色图形）

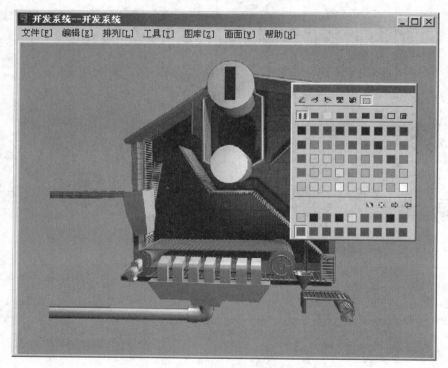

图 4-7　点位图透明化

继续添加点位图，完善锅炉的画面设计，结果如图 4-8 所示。

采用同样的方法将图 4-1 中的其他复杂图形，如火焰等加载进来。

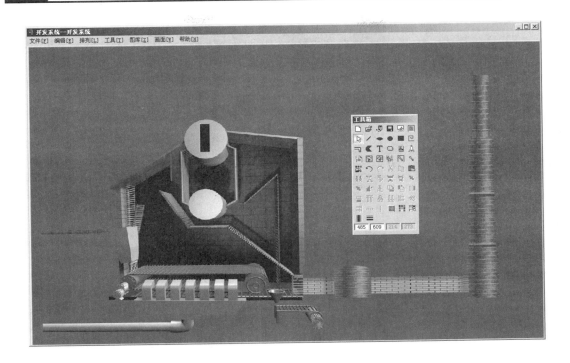

图 4-8　完善锅炉点位图设计

4.4　几何图形的绘制

加载图形尽管操作简单，但是所涉及的素材需要由外部程序绘制或者设计者收集，也需要耗费一定的时间和精力，对于简单的图形完全可以直接进行绘制，其效率更高。

现在画面中的锅炉等主体部分已经完成，然后在左侧继续添加"煤炭"。煤炭实际是一个个不规则的图形组合而成的。下面来说明一下如何绘制单个煤炭。

单击"工具箱"→"多边形"按钮（第三行第二列），此时光标变为"十"字形，操作方法如下：

将光标置于一个起始位置，此位置就是多边形的起始点。

单击鼠标左键并拖拽鼠标，牵拉出多边形的一条边，再单击鼠标左键，则此条边固定下来。

依此方法单击鼠标左键确定多边形的各顶点，则可确定多边形的各条边。

最后通过双击鼠标左键完成多边形最后一个顶点的输入。

接下来需要对其进行着色。打开工具箱，单击"显示调色板"选项，界面上出现了调色板，如图 4-9 所示。再次单击"显示调色板"，浮动的调色板在画面上消失。

"调色板"就是"颜料盒"，系统会将常用的颜色置于调色板调色区中，用户也可以将设计需要的常用颜色放置到用户调色窗。"调色板"的使用是很简单的，同 Windows 的画图工具操作类似。应用"调色板"可以对各种图形、文本及窗口等进行颜色修改，图形包括圆角矩形、椭圆、直线、折线、扇形、多边形、管道等。

首先，来看一下在"调色板"最顶行的六个颜色属性选择按钮，如图 4-10 所示。

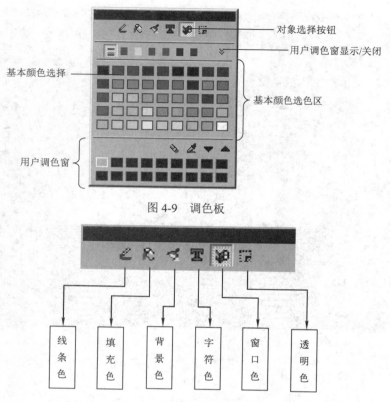

图 4-9　调色板

图 4-10　颜色属性选择按钮

　　在本例对煤炭着色中，要选择的有填充色和线条色。

　　很显然，煤炭的背景色一定是黑色，这个黑色可以通过填充色来实现。选中绘制的"煤炭"，按下"填充色"按钮，从调色板中选取需要的颜色，本例中选取黑色。这样所绘制的图形的背景颜色就设置成功了。这种方法也适合于复杂图素，但不适合于单元。本项操作后，调色板中的"黑色"就作为填充封闭图形的默认颜色。如果想要改变画面上某封闭图形的填充属性，请先选中此对象。

　　为了体现煤炭的光泽，将线条色设置成灰色。对绘制的煤炭进行选取，然后按下"线条色"按钮，从调色板中选取需要的颜色，本例是灰色即可。这种方法也适合于复杂图素，但不适合于单元。同背景色设置一样，按下此按钮后，"灰色"将作为线的颜色，以后绘制直线、折线、矩形和椭圆等封闭图形的边框都将使用这种颜色，直到在调色板中为"线条色"选用新的颜色。

　　画面中还有很多作为仪表显示的椭圆形图形，可以选择"工具箱"→"椭圆"来进行绘制，如果是一些矩形的区域，也可以选择"工具箱"→"圆角矩形"来进行绘制，设置线条颜色和填充色与上述煤炭的设置方法相同。比如画面左侧的椭圆仪表面盘，是黑色边框绿色填充，就可以选择上述图形，将线条色设置为黑色，将填充色选择为绿色来加以实现。也可以先设置好线条色和填充色属性后，再绘制图形，可以根据个人的喜好来进行选择。绘制矩形类似椭圆形。

　　有些读者可能会认为刚才选择"填充色"的时候，实际应该设置"背景色"，事实上在组态王中"背景色"属性主要是用来构造背景图形、过渡色效果的。如果选择过渡色效果，按下"背景色"按钮后，从"调色板"中选择的该颜色将作为过渡色的背景色，比如适合做标题栏。"背景色"的设置常常还会与"画刷类型"相互配合，如组态王自带的例程中的关于作者的画面，左右两侧就做了过渡色的效果，如图 4-11 所示。

图 4-11　过渡色填充效果

"组态王"提供 8 种画刷填充类型（前 8 个）和 24 种画刷填充过渡色类型。显示/隐藏画刷类型工具条可通过选择菜单"工具"→"显示画刷类型"命令或工具箱的按钮"显示画刷类型"来实现。画刷类型工具条可使工程人员方便地选用各种画刷填充类型和不同的过渡色效果。单击画刷类型工具条显示为"过渡色类型"选项板，如图 4-12 所示。

在"过渡色类型"选项板中，第一行第一个表示实心填充，第二个表示空心填充，其他六个填充内容如按钮所标识一样。图 4-11 所示的左右两侧的效果就是通过过渡色类型的第五行第六个选项实现的。

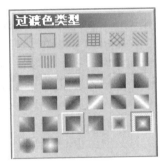

图 4-12　"过渡色类型"选项板

组态王软件颜色调整操作比较简单，这里面真正的困难在于画面上颜色的搭配，工程人员在选择颜色时要考虑到整体的和谐。

> ☺小贴士：在设计画面的时候，可能会出现一个图形内部没有填充颜色的情况，这个时候请检查一下"过渡色类型"选项板，看是否选择了第一行第二个选项，这个按钮表明内部无填充。这个也是在教学、实验中经常碰到的问题。

4.5　重复单元的组合

至此，我们已经成功地绘制了单个的煤块，现在需要做的就是将这些小的煤块组合到一起，变成煤堆。组合的方式有两种，一种是"合成单元"，另一种是"合成组合图素"。

"合成单元"是将所有被选中的图素或单元组合成一个新的单元，各组成部分的动画连接保持不变。

"合成组合图素"是将两个或多个选中的基本图素（没有任何动画连接）对象组合成一个整体，作为构成画面的复杂元素。按钮、趋势曲线、报警窗口、有连接的对象或另外一个单元不能作为基本图素来合成复杂图素，对合成后形成的新的图素对象可以进行动画连接。

要设计的煤堆在运动的时候是一个整体移动的对象，适合采用"合成组合图素"，如果选用"合成单元"，那么后续的动作将无法实现。其他类似的需要在组合后有一致动作的情况，请选择"合成组合图素"。

"合成单元"和"合成组合图素"都可以在选中多个图素后右击鼠标，在弹出的快捷菜单中选择"组合拆分"→"合成单元（或者合成组合图素）"命令来实现，也可以通过单击工具箱的合成单元图标 ▓ 或者合成组合图素 ▓ 图标来实现，或者通过菜单栏来进行。

当然，组合拆分也有拆分的功能，所以，当希望进行上述动作的逆向行为时，可以选择"组合拆分"→"分裂单元（或者分裂组合图素）"命令来实现。

图 4-1 中还有很多风机，其风叶也可以采用类似于煤堆的处理办法来实现。先用绘制多边形的方式来绘制几片风叶，通过设置不同的颜色和填充达到示例画面的要求，然后再通过组合——"合成组合图素"构建一个整体，从而形成一个完整的风机图形，其他风机可由绘制好的风机复制而成，复制按钮可在菜单或者工具箱中找到。

4.6　线条和管道

整个画面中还有很多其他图形，如箭头，可以通过"工具箱"→"线条"来实现，当然线条的颜色仍然可以通过"线条色"进行设置。在线条中有一些属性，可能需要进行设置，如线条的宽度、线条的形状（实线、虚线或者其他）等。

在画面中，有几条白色的虚线连接着画面和左侧的椭圆仪表面盘的显示。以此为例来进行设置，可以先选择"工具箱"→"线条"工具绘制一条直线，然后选中该直线，再选中"工具箱"→"调色板"→"线条色"里面的白色，这样可以将线条颜色转为白色，再通过单击"工具箱"→"线形"按钮，画面中将出现"线形"选项板，可方便工程人员改变图素线条的类型，如图 4-13 所示。

图 4-13　"线形"选项板

可以选择与要求相符的线形，本例中选择的是第三种虚线的类型。

接下来继续完善画面，本例中涉及了大量的管道，管道也是工业生产中最为常见的流体输送设备之一。

管道效果可以由多种方法实现，其中一种是之前涉及的方法：绘制一个长条矩形区域，然后在过渡色类型中，选择类似于管道的样式。但由于管道应用十分广泛，因此"组态王"设置了一个专门的按钮，即"工具箱"→"立体轨道"。使用者就可以随意用这个工具在画面上放置合适的管道了，不同管道的长短、宽度各不相同，长度可以在绘制时进行控制。如果要修改管道的宽度，选中要修改的立体管道，此时菜单命令"工具"→"管道宽度"由灰变亮，单击该命令，弹出"管道属性"对话框，如图 4-14 所示。

图 4-14　更改管道宽度

4.7　图库精灵

解决了直线管道，下面马上要处理的是管道和管道的接口。很显然，管道不可能一直是一个直线的状态，那么如何设置一个弯头呢？当然可以用之前叙述的添加点位图的方法，在外部绘制一个弯头管道，然后和直线管道在画面上进行衔接。

实际上"组态王"也提供了这样的图形，不过它并不在我们熟悉的"工具箱"里面，而是在"图库"中。图库是指"组态王"中提供的已制作成型的图素组合。图库中的每个成员称为"图库精灵"。使用图库开发工程界面至少有三方面的好处：一是降低了工程人员设计界面的难度，使其能更加集中精力于维护数据库和增强软件内部的逻辑控制，缩短开发周期；二是用图库开发的软件将具有统一的外观，方便工程人员学习和掌握；三是利用图库的开放性，工程人员可以生成自己的图库元素，"一次构造，随处使用"，节省了工程投资。

组态王为了便于用户更好地使用图库，提供了图库管理器，图库管理器集成了图库管理的操作，在统一的界面上，完成"新建图库""更改图库名称""加载用户开发的精灵""删除图库精灵"等操作，图库管理器界面如图 4-15 所示。

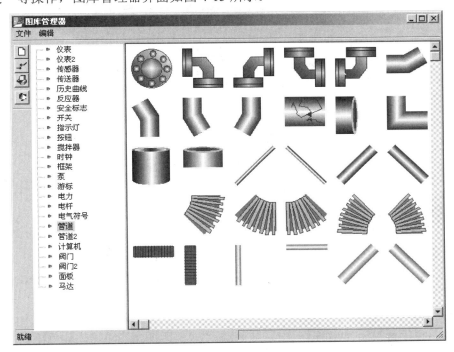

图 4-15　图库管理器

在图库管理器中，存放了大量的图形，有各类仪表、反应器、开关和马达等，用户在设计中会经常用到。它们中有些不单单包含了图形，还集成了一些动画连接特性，可以进行动画的开发。

☺练一练：请从图库中找到图 4-15 中的水罐，并放置到画面中。

在实际使用中可能会碰到这样的情况，在图库管理器中没有想要的图形，而这个图形又经常会在项目中应用到，那么是否可以自己建立这样一个图库精灵呢？答案是可以的。

亚控科技公司提供的图库开发包支持图库精灵的创建，由于动画连接现在还未涉及，暂时不做展开，在创建好合适的图形并确立相应的动画连接后，建立合成单元。然后单击菜单"图库"→"创建图库精灵"命令，弹出"输入新的图库图素名称"对话框，如图 4-16 所示。

图 4-16　输入加入图库的图素名

输入精灵名称，单击"确定"按钮后，弹出"图库管理器"窗口，光标在图库管理器的左边确定该精灵要放的图库下，在管理器右边单击，完成自定义图素的添加过程，如把变色按钮放在自己创建的专用图库下，需要在左侧单击定义新图库按钮，在弹出窗口填入您想要设置的分类，如本例中设置了自定义，其用户界面如图 4-17 所示。

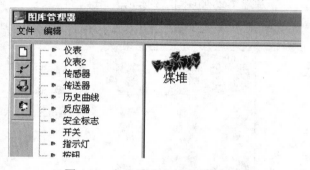

图 4-17　加入图库中的自定义图素

4.8　其他

至此，画面的大体形状已经形成，剩下的内容就是画面中的文字。文字的添加可以通过下述方法实现：单击"工具箱"→"文本"按钮，此时光标变为"I"字形，用键盘输入文本字符串，单击鼠标左键结束文本输入。

若要改变字体及字体大小，还需单击"工具"→"字体"命令或是工具箱中的"改变字体"按钮，可以选择 Windows 系统支持的任一种字体；改变文本对象的颜色需要用调色板工具上的"文本颜色"按钮。这里拖动文本可以使文字变大，但要让文字变小只能通过"改变字体"实现。

此外，画面还涉及"按钮"操作，可以单击"工具"→"按钮"菜单命令或"工具箱"中的相应按钮，此时光标变为"十"字形，将光标置于一个起始位置，此位置就是矩形按钮的左上角，按下鼠标左键并拖曳鼠标，牵拉出矩形按钮的另一个对角顶点即可。在牵拉矩形按钮的过程中其大小是以虚线矩形框表示的，松开鼠标左键则按钮出现并固定。

按钮支持"标准""椭圆形""菱形"三种类型，同时具有"透明""浮动""位图"风格。

有些时候，为了让按钮内容更加丰富，需要选择加载按钮位图。选中按钮，单击鼠标右键，在弹出的快捷菜单中选中"加载按钮位图"命令，这时出现四个选项：

1）加载正常状态位图：运行时正常状态下的图形。

2）加载焦点状态位图：按钮获得焦点时显示的图形，即运行时当鼠标移动到按钮位置时显示出来的图形。

3）加载压下状态位图：运行时鼠标按下按钮时显示的图形。

4）加载禁止状态位图：运行时没有获得操作此按钮权限时显示的图形。

这个就好比在上网的过程中，将鼠标放置图片上会有不同的效果一样，采用这项功能适合做出不同的按键效果。

此外，还可以通过图形组合配合动画连接的方式来构建各种自定义的按钮。

4.9　画面设计小技巧

在添加的过程中，如果希望能够调整画面中元素的位置，可以通过鼠标和键盘的方向键对位置进行调整。这时有两个问题：

1）为方便调整，希望有一个参照。

2）有的元素用上述方法进行位置调整时，一直难以调整到合适的位置。

这可以通过菜单"排列"→"定义网格"命令来进行设置，如图 4-18 所示。

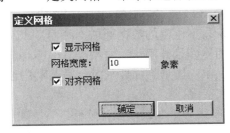

图 4-18　定义网格

放置图形的参照可以通过"定义网格"对话框设置，如网格是否显示、网格的大小以及是否需要对齐。选中"显示网格"复选框时（选择框内出现"√"号），画面背景上显示网格；选中"对齐网格"复选框后，各图形对象的边界与栅格对齐，图形对象的移动也将以网格为距离单位，在放置图形的时候可以依照网格的位置来加以放置。

前述位置调整困难的问题也可以通过改变网格的宽度，或者不选"对齐网格"来解决。

当图形越来越多时，如何使图形排列得更加整齐显得非常重要，比如在同一高度或者左侧对齐等，像本例中的水流，就是一段一段的矩形组合到一起。在绘制的时候，手工放置很难让这些矩形高度一致，距离相等，此时就需要用到对齐的命令。

选中这些对象，这时候"工具箱"的"图素对齐"按钮就会从原先灰色不可用状态变为高亮可用状态，如图 4-19 所示。

选择对齐的方式进行对齐，箭头所指的方向为要对准的方向，如图 4-19 的第一行第二个就是指顶对齐。

"组态王"的图形编辑内容还有很多，这里不再赘述，读者可以通过实践慢慢熟悉。

图 4-19　对齐指示相关按钮

本 章 小 结

本章介绍了"组态王"画面设计的基本情况，并通过锅炉这个案例，介绍了包括加载点位图、插入图库精灵以及一些组态王画面中的基本操作和应用技巧，希望读者能够在实践的过程中熟练掌握这些内容，并在基本操作的基础上，创建出更为丰富、美观、符合监控现场的界面。

习　题

1. 什么是画面宽度和画面高度？其最大/最小值分别是多少？
2. 画面风格中有哪些画面类型？使用时需要注意哪些事项？
3. 如何将相同的单元进行组合？试简述其组合方法。
4. 什么是图库？使用图库有哪些优势？
5. 组态王里画面属性中覆盖式与替换式有何区别？
6. 请完整绘制本章图 4-1 所示的图形。

 阅读资料

CorelDRAW 在"组态王"图形界面设计中的应用

组态软件主要实现上位机与下位机的数据通信、画面显示及系统管理等功能，图形处理作为辅助工具，对组态软件的界面设计提供一定帮助，但不是其强项。当组态软件的图形处理工具不能满足用户逼真、优质的图形界面要求时，需要利用组态软件的图形数据接口，借助其他专用图形、图像软件来实现。

CorelDRAW 是世界著名的优秀平面艺术设计软件，矢量图形处理软件的代表，其图形绘制及编辑功能强大，渲染效果丰富、逼真，操作方便。CorelDRAW 主要包括以下几大类工具和命令：

1）手绘、矩形、椭圆、多边形、基本形状、文字等 20 种左右绘图工具（依版本不同略有增减）。

2）形状、刻刀、调和、轮廓图、封套、立体化、透镜、焊接、修剪等 30 余个图形编辑工具和命令。

3）与绘制和编辑工具相对应的 40 余个属性工具条。

4）轮廓、色彩工具，具有 6 种不同填充模式，包括单色、渐变、图样、纹理、PS、网状填充。

5）多种位图处理命令。

6）视图显示管理、排列、文本编辑、对象管理等其他命令。

CorelDRAW 在图形绘制方面具有众多突出特点和优势，与组态王绘图功能相比，最主要的优势有：

1）绘图快速、准确。利用基本形状工具、CorelDRAW 特殊字符插入命令和扩充图库，快速创建基本图形。

2）易于编辑、修改，任意缩放、旋转、变形不影响绘图质量，曲线光滑。CorelDRAW 曲线编辑功能非常强大，使用形状工具可对曲线的关键节点或节点控制柄随意编辑；使用变换命令或交互方式任意且能精确调整图形纵横比例、旋转方向、倾斜变形等；使用焊接、修剪、交叉、结合命令及交互式封套工具等能将基本图形创建为复杂图形。

3）立体编辑命令多样。利用交互式调和工具、轮廓图工具、立体化工具、阴影工具，能创建多种不同风格的立体效果。

4）填充样式丰富。使用图样填充命令，可对图形进行双色、全色、位图的填充；使用纹理填充命令，可获得无数纹理样式。

5）支持大量数据格式输出，包括组态王所有可用文件类型，允许任意输出位图精度。

在需要反映用户现场实景的界面设计中，CorelDRAW 能快速完成图形创建。CorelDRAW 绘图的一般方法及步骤是：

1）首先用基本绘图工具绘制大致外形。当图形较复杂时，尽量将图形分解为基本单元，再用焊接等命令进行合成。

2）绘制曲线图形时，先用手绘或贝塞尔工具勾画轮廓，然后用形状工具进行调整。

3）具有立体空间感的图形，若同时有多个空间深度相同的对象，应在完成所有正投影图后进行结合，然后应用立体化工具依次创建立体对象。

4）应用填充。需要注意，CorelDRAW 默认设置只允许对完全封闭的图形进行填充，因此在用画线工具绘制封闭图形时，要保证起止点重合；可以通过填充方式创建立体效果。

按上述步骤完成图形绘制后，导入"组态王"开发环境。将所有图形群组，用导出命令保存为"组态王"可用图形格式，一般保存为 JPG 格式，以节约系统资源。尽可能避免用剪贴板方式导入"组态王"，特别是有渐变效果的画面。原因是在导入"组态王"的计算中，渐变参数会被简化而产生杂点。

总之，用 CorelDRAW 可以提高"组态王"界面设计质量，为个性化设计和优化组态王的用户界面提供了一种有效的手段。其已成功应用于大冶选矿厂等多个大中型选矿、烟草企业的监控软件界面设计，并受到用户的广泛欢迎。

类似地，也可以采用 Firework 或者 Photoshop 等专业绘图软件来实现。

第 5 章　动画设计

教学目标

☞　掌握模拟量输出动画连接的设计方法
☞　掌握隐含动画连接的设计方法
☞　掌握水平和垂直移动动画连接的设计方法
☞　掌握缩放动画连接的设计方法
☞　掌握旋转动画连接的设计方法
☞　掌握填充动画连接的设计方法
☞　掌握命令语言动画连接的设计方法
☞　了解其他动画连接的设计方法
☞　了解复合动画连接的设计方法

教学要求

知识要点	能力要求	相关知识
"组态王"的动画设计	（1）掌握模拟量输出动画连接的设计方法 （2）掌握隐含动画连接的设计方法 （3）掌握水平移动动画连接的设计方法 （4）掌握旋转动画连接的设计方法 （5）掌握缩放动画连接的设计方法 （6）掌握流动动画连接的设计方法 （7）掌握填充动画连接的设计方法 （8）掌握命令语言动画连接的设计方法 （9）了解其他动画连接，如线属性连接、闪烁连接等的设计方法	真/假离散值、点位图、变量名和变量域

引例

　　上一章介绍了绘制工业现场监控画面的方法，但实际生产过程并不是一个静态的过程，而是一个动态的过程。如果仅仅从静态的画面而言，除了一些抽象的图之外，有些情况还不如直接拍一个工业现场的图像来得容易。如果能在画面中直接再现被监控对象的动作，比如一个机械手，用户可以通过画面看到机械手的动作情况，那整个画面就会显得更加形象、生动了。因此，要让画面中的图素动起来，就必须进行动画连接。

　　什么是动画连接？所谓"动画连接"就是建立画面的图素与数据库变量的对应关系。建立动画连接后，根据数据库中变量的变化，图形对象可以按动画连接的要求进行改变。数据库中的变量可以是内存变量，也可以是 I/O 变量。I/O 变量是工业控制过程和科学实验中的各种物理量。

5.1　概述

使用组态软件的一个优点就是组态软件可以做出生动的效果，以反映工业现场的状况。在本章中将介绍如何使第 4 章中绘制的静态画面实现动画效果，以使其模拟工业现场的实际运行状况。由于第 3 章提及的实时数据库中的变量可以同步反映现场状况的变化，当变量实现"动画连接"功能后将在上位机显现出动画效果。当工业现场的温度、液位等参数发生变化时，将通过 I/O 接口引起实时数据库变量发生改变，如果设计者曾经定义了一个画面图素，比如指针，与这个变量相关，那么将会看到指针在同步偏转。

"动画连接"的引入是人机接口设计的一次突破，众所周知，不管用 VB、VC、C++ Builder、Delphi、C#等何种语言，通过编程来开发丰富的界面乃至动画都是非常费时费力的，而组态王等各类工业组态软件将工程人员从重复的语言编程中解放出来，为工程人员提供了标准的工业控制图形界面，并且由可编程的命令语言连接来增强图形界面的功能。图形对象与变量之间有丰富的连接类型，给工程人员设计图形界面提供了极大的方便。"组态王"系统还为部分动画连接的图形对象设置了访问权限，这对于保障系统的安全具有重要的意义。

本章中，将对照锅炉系统的实际情况来讲述在"组态王"设计中常用的"动画连接"功能及使用技巧。

5.2　动画连接

在第 4 章所述的锅炉画面中，有冷水的流入，热水的流出；有往锅炉里面送入煤炭的动作；有煤炭在锅炉里面燃烧的过程；有煤炭燃烧后产生烟尘，利用风机进行排烟的过程；还有水流动的过程以及各个状态的指示等。

下面将一一讲述这些动态画面的设计与实现。

5.2.1　变量动画连接

怎样把从工业现场来的数据送往画面显示，并把控制器的输出送往现场设备呢？"组态王"提供了模拟值输出/输入、离散值输出/输入、字符串输出/输入的动画连接。

模拟值输出动画连接。首先是显示文字的动画。文字动画相对简单，主要包含值输出和值输入的动画。原先的画面中有很多 ### 图标，用于显示设备的状态。通过双击这里面的"###"，弹出如图 5-1 所示的"动画连接"对话框。

在"值输出"选项组中勾选"模拟值输出"复选框，会弹出"模拟值输出连接"对话框，如图 5-2 所示。

"表达式"文本框内输入合法的连接表达式，单击右侧的"？"按钮可以查看已定义的变量名和变量域表达式（可以是数据库变量中的变量名，也可以是以变量为基础的组合表达式），这是动画连接最重要的部分，它直接确定了是哪个参数要送往画面显示或哪个功能数据要显示。画面可以显示"十进制""十六进制"的数据，也可以显示"科学计数法"的数据。输出格式可以设置要显示的整数和小数位数，可提供居左、居中、居右三种对齐方式。

离散值输出动画连接。由于离散量只有两个值，通常用"0"与"1"或"真"与"假"表示，可以反映机器的开启与停止等设备运行状态，也可以反映"手动""自动"等系统运行状态。其设置的画面如图 5-3 所示。用户可以在"条件表达式"文本框中输入离散值变量名，或者输入如变量 A<B 这样的表达式，也可以单击"?"按钮，到变量数据库中选择变量。虚线以下是对应的画面中文字在符合上述条件时输出的信息。

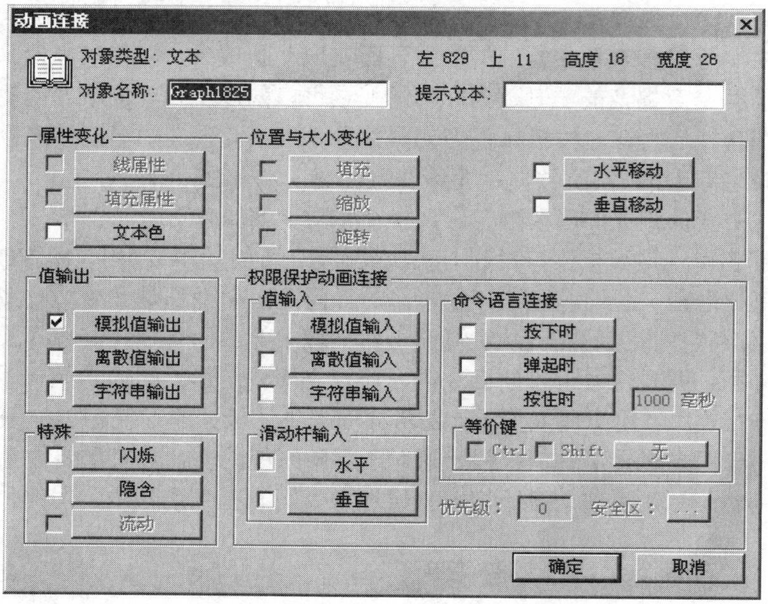

图 5-1 动画连接

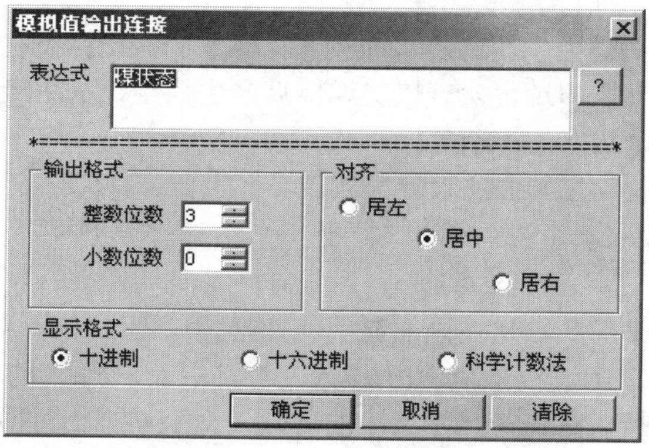

图 5-2 模拟值输出动画连接

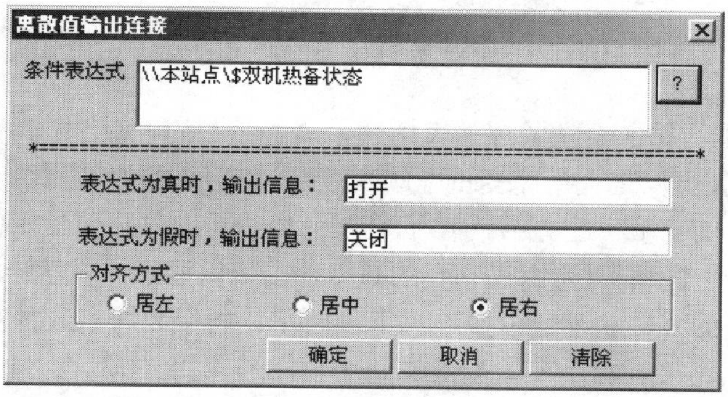

图 5-3 离散值输出连接

类似地,字符串输出的主要设置也是在"表达式"文本框中输入或到变量数据库中选择,如图 5-4 所示。

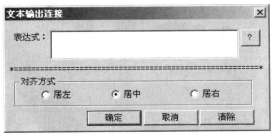

图 5-4 字符串输出连接

以上都是输出的过程,那么当需要接受用户的输入时,应该采用什么样的方式呢?"组态王"提供了模拟值输入、离散值输入、字符串输入的动画连接。

模拟值输入动画链接。图 5-5 所示为"模拟值输入连接"对话框。

模拟值输入可以通过"模拟值输入连接"对话框来进行设置。模拟值输入可分为两类:一类是从外部设备来的模拟量的值,变量名可直接从变量库选取,如来自现场的温度、压力、流量等参数,这类变量只可读不可写;另一类是来自于屏幕的数值输入,变量名可从变量库中选取,这类变量可手动修改,如回路设定值、PID 参数值等。在确定变量名后,还可对变量的变化范围进行定义。另外,组态王还支持快捷键,就是上述"激活键"的设置。

当切换到运行状态时,可以看到如图 5-6 所示的画面。

离散值输入、字符串输入和模拟值输入类似,其中字符串输入常被用来进行用户密码的设置。

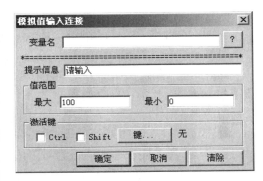

图 5-5 模拟值输入连接

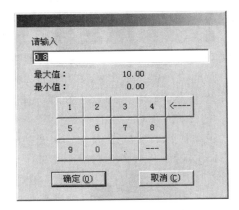

图 5-6 模拟值输入画面

5.2.2 隐含动画连接

文字输入和输出技巧相对较少,且对应的效果较为单一,可能与读者设想的"动画"有一定的出入,那么下面的介绍将更接近于读者的预期。

如何在界面中显示锅炉中逼真的火焰效果呢?试想如下情况:多张火焰画面的状态反复切换,由于人眼视觉暂留的原理,当不同的火焰以每秒 24 帧的速度进行播放时,观众将认为整个画面是一个连续的过程。

首先预置多张点位图,然后在某一时刻仅显示一张。设计一个变量,假设有 6 张火焰的画面,让其按火苗增长的趋势依次叠加,结合第 3 章中虚拟 PLC 的 INCREA 变量,使其从 0 开始,设置变量最大值为 INCREA5,选择"隐含连接",如图 5-7 所示,依次使变量值从 0～5 变化,当表达式为真时,选择"显示"单选按钮,这样 6 张画面将依次循环显示,就可逼真地模拟火焰的动态效果了。

5.2.3　水平移动动画连接

接下来考虑煤车的移动效果，即煤车从左侧进入，从右侧移出，然后立即从左侧重新开始。此时单击"动画连接"对话框中的"水平移动"按钮，弹出"水平移动连接"对话框，如图 5-8 所示。

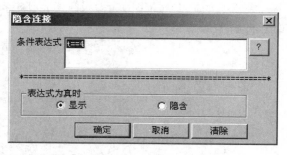

图 5-7　"隐含连接"对话框

在"表达式"文本框内输入合法的连接表达式，或单击"？"按钮选择已定义的变量名和变量域及其表达式。

下面的几个参数，对画面的动画效果有很大影响。

向左：输入图素在水平方向向左移动（以被连接对象在画面中的原始位置为参考基准）的距离。

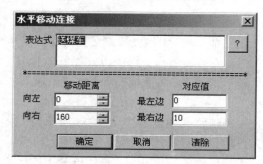

图 5-8　"水平移动连接"对话框

最左边：输入与图素处于最左边时相对应的变量值。当连接表达式的值为对应值时，被连接对象的中心点向左（以原始位置为参考基准）移到最左边规定的位置。

向右：输入图素在水平方向向右移动（以被连接对象在画面中的原始位置为参考基准）的距离。

最右边：输入与图素处于最右边时相对应的变量值。当连接表达式的值为对应值时，被连接对象的中心点向右（以原始位置为参考基准）移到最右边规定的位置。

画面设计的运煤车的移动距离"向左"和"最左边"都是 0，表明系统的左侧就是在画面设计中的原始位置。那么画面向右的变化是怎样的呢？设计中"运煤车"是一个 INCREA15 的变量，该值在 0～15 之间进行顺序变化。因此，这里的最右边的值 10 是"运煤车"的值，那么也就意味着变量在从 0～10 变换的时候，这个"运煤车"的图素会向右进行移动，到了 11～15 的时候，这个图素就不移动了。向右的值为 160 表明图素在水平方向向右移动对应于变量在 10 的时候所对应的位置（相对于原始位置，单位是像素）。如果你不太清楚距离，也可以用"水平移动动画连接向导"来进行设置。使用水平移动动画连接向导的步骤为：

1）选中要移动的图素，选择菜单命令"编辑"→"水平移动向导"，或在该圆角矩形上单击右键，在弹出的快捷菜单中选择"动画连接向导"→"水平移动连接向导"命令，光标形状变为小"十"字形。

2）选择图素水平移动的起始位置，单击鼠标左键，光标形状变为向左的箭头，表示当前定义的是运行时图素由起始位置向左移动的距离，水平移动鼠标，箭头随之移动，并画出一条水平移动轨迹线。

3）当光标箭头向左移动到左边界后，单击鼠标左键，光标形状变为向右的箭头，表示当前定义的是运行时图素由起始位置向右移动的距离，水平移动鼠标，箭头随之移动，并画出一条移动轨迹线，当到达水平移动的右边界时，单击鼠标左键，弹出"水平移动连接"对话框，与图 5-8 所示的对话框一样。

画面中的水流也是一样，尽管组态王中有"流动"这样的效果，但只限定在立体管道。其他可以用水平或者垂直移动的动画来模拟水流的效果，在这里做水流的时候，可以先用矩形作出如图 5-9 所示的图形，注意要是整体一起运动，设置动画连接，这些单独的矩形在组合的时候应该选择"合成图素"。

图 5-9　水流

由于水流流动中，运动幅度不会太大，为了使效果更加逼真，除中间水体设置水平移动外，另外设置两个矩形块在水流的两端，做成缩放的动画连接来进行配合，同时两端的水体遮盖住中间的水体。"垂直移动连接"与"水平移动连接"类似，这里就不做展开介绍了。

如果要求一个图素同时具有移动和隐含显示的功能将如何处理呢？比如锅炉画面中的运煤车里面的"煤炭"。"煤炭"的运动状态是从最左侧"运煤车"装好煤开始，随着"运煤车"一起向右移动，到一定距离后，"运煤车"会将"煤炭"倾倒到锅炉里面。那么，反映在画面上就是这个"煤炭"消失了。因此，在设计中对于这个"煤炭"就可以将两个动画进行组合，仍然选取"运煤车"这一个 INCREA15 的变量，其中的移动动画，与图 5-8 "水平移动连接"对话框中"运煤车"的设置一致。同时，还可以选择"隐含连接"，在条件表达式中，可以设置"运煤车"这一个 INCREA15 值大于 10，使得这个"煤炭"消失，这样就实现了"煤炭"的移动、消失。

5.2.4　旋转动画连接

在工业现场中有很多的电动机，特别是由电动机带动的鼓风机，需要在画面增加转动的效果。画面的转动效果可以采用"旋转连接"实现，"旋转连接"是指对象在画面中的位置随连接表达式的值而旋转。

图 5-10 所示为"旋转连接"对话框。

表达式：在此文本框内可直接输入合法的连接表达式，或单击"？"按钮选择已定义的变量名和变量域表达式，这里直接输入变量名就可以了。

最大逆时针方向对应角度：被连接对象逆时针方向旋转所能达到的最大角度及对应的表达式的值（对应数值）。角度值限于 0°～360°之间，Y 轴正向是 0°。

最大顺时针方向对应角度：被连接对象顺时针方向旋转所能达到的最大角度及对应的

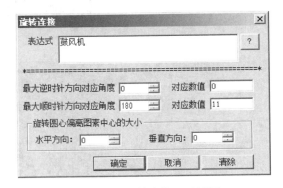

图 5-10　"旋转连接"对话框

表达式的值（对应数值）。角度值限于 0°～360°之间，Y 轴正向是 0°。

图 5-10 中，最大逆时针方向对应角度是 0°，对应数值是 0；最大顺时针方向对应角度是 180°，对应数值是 11。由于鼓风机是一个四叶的结构，关于 X 轴和 Y 轴对称，因此只要设置最大顺时针方向对应角度是 180°，就可以看到一个完整旋转的过程，而不会出现转到一半的现象。变量在 0～11 之间进行变化，也就是说风叶在旋转的过程中，每次转动 15°。

旋转圆心偏离图素中心的大小：被连接对象旋转时所围绕的圆心坐标距离被连接对象中心的值，水平方向为圆心坐标水平偏离的像素数（正值表示向右偏离），垂直方向为圆心坐标垂直偏离的像素数（正值表示向下偏离）。

如果对于上述操作并不是特别熟悉，"组态王"也准备了旋转动画连接向导。其操作步骤为：

1）选中要选择的图素，如本例中的风叶，选择菜单命令"编辑"→"旋转向导"，或在该椭圆上单击右键，在弹出的快捷菜单中选择"动画连接向导"→"旋转连接向导"命令，光标形状变为小"十"字形。

2）选择图素旋转时的围绕中心，在画面上相应位置单击鼠标左键，随后光标形状变为逆时针方向的旋转箭头，表示现在定义的是图素逆时针旋转的起始位置和旋转角度。移动鼠标，环绕选定的中心，则一个图素形状的虚线框会随鼠标的移动而转动。

3）确定逆时针旋转的起始位置后，单击鼠标左键，光标形状变为顺时针方向的旋转箭头，表示现在定义的是图素顺时针旋转的起始位置和旋转角度，方法同逆时针定义。选定好顺时针的起始位置后，单击鼠标左键，弹出"旋转连接"对话框，和图 5-10 一致。

旋转的角度实际上较水平移动的像素位置容易确定，而且直接输入的值也较动画连接向导设置来的更为精确，一般建议直接使用旋转连接。

5.2.5　缩放动画连接

制作动画画面时，可能会出现如下情况：烟囱的烟刚从烟囱口出来时，烟雾宽度相对较小，在向上排放的过程中，逐渐扩散同时颜色随之变淡，最后消失，然后再重复这一过程。

实现这一效果有很多可选方案，比如依次绘制多个大小不同的云朵，配合"隐含连接"就可以实现，不过需要绘制的云朵会变得很多，因此这里引入了"缩放连接"。

"缩放连接"可使被连接对象的大小随连接表达式的值而变化。"缩放连接"对话框如图 5-11 所示。

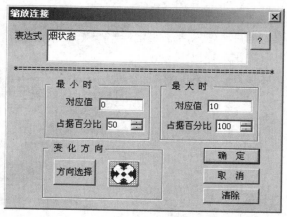

图 5-11　"缩放连接"对话框

对话框中各项设置的意义如下：

表达式：在此文本框内输入合法的连接表达式，或单击"？"按钮选择已定义的变量名和变量域表达式，这点同组态王的其他动画连接一样。

最小时：输入对象最小时占据的被连接对象的百分比（占据百分比）及对应的表达式的

值（对应值）。百分比为 0 时此对象不可见，在本例中的烟雾效果，如果希望它一开始就有，只是小一点，这里可以设置一个初值，比如 50，就是一开始显示对象大小的 50%，对应值可以是 0，如果将对应值从其他数值开始，会造成烟雾变化的不连续，读者可以进行尝试。

最大时：输入对象最大时占据的被连接对象的百分比（占据百分比）及对应的表达式的值（对应值）。若此百分比为 100，则当表达式值为对应值时，对象大小为制作时该对象的大小。

变化方向：选择缩放变化的方向。变化方向共有五种，用"方向选择"按钮旁边的指示器来形象地表示。箭头是变化的方向，蓝点是参考点。单击"方向选择"按钮，可选择五种变化方向之一，如图 5-12 所示，每次单击顺序切换。

图 5-12　方向选择

"方向选择"中，可以观察里面箭头的方向来判定。例如，从左向右第一个是往下缩放，第二个是往上缩放，这两个和第四、第五都是单边缩放，有点类似"组态王"中另外一个动画连接"填充连接"，中间的那个是四周向中心方向的缩放，使整个物体变小，本例中的烟雾就是用到了四周向中心方向的缩放，随着时间推移，烟往上慢慢变大，最后在配合"隐含连接"动画即可实现这一过程的模拟。

"缩放连接"是"组态王"的一个常用动画连接，特别适用在化工等行业中，表现反应容器的状态。在"组态王"系统自带的演示案例中，有个"反应车间"的页面，如图 5-13 所示，这里就用到了大量的容器。

图 5-13　反应车间画面

其中"方向选择"中，就可以用到向上方向。

5.2.6　流动动画连接

"流动连接"用于设置立体管道内液体流线的流动状态，流动连接的动画位于"动画连接"对话框的左下角，立体管道是这个动画连接的限定条件，对于普通图素这个选项是不可用的。在设置"流动连接"之前，一般需要对管道的状态进行设置。

画面中，选中管道右击，在弹出的快捷菜单中单击"管道属性"命令，弹出"管道属性"对话框，如图 5-14 所示。

图 5-14　管道属性

在这里，用户可以选择所需要的液体流的颜色以及其他一些设定。

流动状态根据"流动条件"表达式的值确定，如图 5-15 所示。

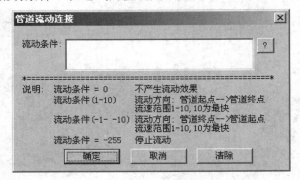

图 5-15　流动条件

管道流动的状态由关联的变量的值确定，当变量值为 0 时，不产生流动效果，管道内不显示流线；如果要显示正向的流动方向，即从管道起点至管道终点，可以填入一个"正"值，且这个值代表流速，10 为速度的最大值；如果要显示反向的流动方向，即从管道终点至管道起点，可以填入一个"负"值，且这个值的绝对值代表流速，10 为速度的最大值。

管道流动速度还与组态王运行系统基准频率有关。当组态王运行系统的基准频率设置值大时，管道显示流动速度慢，否则快。

读者不妨将 5.2.3 小节中的水流效果的实现用本小节中的"流动连接"再做一次，对比一下两者的优缺点。

5.2.7   填充动画连接

"填充属性连接"使图形对象的填充颜色和填充类型随连接表达式的值而改变，通过定义一些分段点（包括阈值和对应填充属性）使图形对象的填充颜色在一段数值内固定。

本例以封闭图形对象为例定义"填充属性连接"，如图 5-16 所示。当"炉膛出口温度"值为 0 时填充绿色，为 100 时填充蓝色，为 200 时填充红色。画面程序运行时，当变量"炉膛出口温度"的值在 0～100 之间时，图形对象以绿色显示；在 100～200 之间时，图形对象以蓝色显示；变量值大于 200 时，图形对象以红色显示。

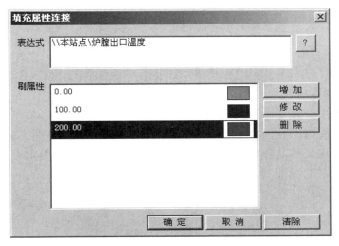

图 5-16   填充属性连接

这个功能一般适用于变量以棒图显示时画面的填充，也可以适用于表示如轧钢车间加热炉加热段、均热段等不同区段，钢铁表面颜色的不同，使动态效果更加形象直观。

5.2.8   命令语言动画连接

在画面中涉及按钮的部分，需要采用"命令语言连接"，双击需要设置的按钮，进入"动画连接"对话框，在该对话框的右侧有一个"命令语言连接"选项组，如图 5-17 所示。

图 5-17   命令语言连接

"按下时"是指鼠标按下时刻要发生的动作，"弹起时"是指鼠标弹起时刻要发生的动作，"按住时"是指按住鼠标左键不抬起才能发生的动作。选择其中一项，就会弹出相应的对话框，可以在里面输入相应的命令语言语句，以实现相应的功能。

5.2.9   其他动画连接

其他动画连接还包括"线属性连接""闪烁连接"等，相对比较简单，这里不再赘述，读者可以直接参阅"组态王"的帮助文件。命令语言连接将在下章进行进一步讲述。此外，滑动杆输入将配合后续章节的曲线控件讲述。

本 章 小 结

本章分别介绍了变量输入、输出动画连接的设计方法，隐含动画、水平移动动画、旋转动画、缩放动画、流动动画、填充动画等连接的设计方法，命令语言连接的设计方法，以及其他方式的动画连接，并对照锅炉系统的实际情况讲述了在"组态王"设计中常用的"动画连接"及其使用技巧。

习 题

1. "组态王"中有哪些常用的动画连接方式？
2. 试举例说明"组态王"中"水平移动连接"对话框里的"向左""向右""最左边"以及"最右边"四个参数所表示的含义。
3. 简述如何使用旋转动画连接向导。
4. 管道流动速度与哪些因素有关？
5. 试比较用"水平移动连接"和"流动连接"两种方法实现的水流效果的优缺点。
6. 在上一章习题的基础上，完成所有的动画连接。

 阅读资料

Flash 动画和"组态王"

说起动画，很多人会想到"动画片"和"Flash 动画"。Flash 动画是目前网络上流行的一种交互式动画格式，我们能够看到很多 Flash 动画的经典作品，如以前的"火柴人"等。目前，Flash 主要分为商业用途和个人创作。前一部分主要有产品广告、网站 LOGO，以及一些产品说明和课件用到的 Flsah 动画演示；后一部分主要是网上的闪客凭自己兴趣制作的故事短片、MTV。Flash 的特点是制作简单、快捷、文件小，适合在网上使用，能实现网络互动功能，适用于网络广告、网络 MTV、产品演示等播放。在教学中很多教师也采用这种方式，具有生动形象的特点，受到广大学生和教师的喜欢。

那么这种友好的方式能否在"组态王"中也能借鉴和应用呢？答案是肯定的。

尽管"组态王"集成了"隐含""缩放""移动"等动画，能够比较轻松地制作出适合的动画效果，但是较为复杂和细腻的动画，用"组态王"本身就比较吃力了。这时候可以引入"Flash"。

请先找一下"组态王"的通用控件里有无"Shockwave Flash Object"，如果你能播放网页里的 Flash，就应该存在了，如果没有请先安装 Flash 播放器，AdobeFlashPlayer9f.exe 文件可以直接安装。如图 5-18 所示，安装后在 C:\Windows\system32\Macromed\Flash 应该有 Flash9f.ocx（控件）、FlashUtil9f.exe（程序）、install.log（安装日志）、uninstall_activeX.exe（卸载用）这几个文件（你也可以直接到这个目录下看有没有安装 Flash 插件），然后在"组态王"画面里选择插入通用控件，找到"Shockwave Flash Object"单击"确定"按钮。

插入控件后，双击刚建立的控件，选择"属性"标签，在 Movie 关联的字符串变量里加入"组态王"变量，在画面命令语言里将其赋值为所选用扩展名为.swf 的 Flash 文件的完整路径和文件名，如图 5-19 所示。

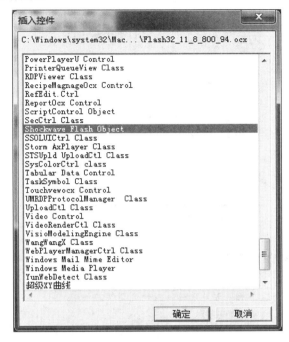

图 5-18 插入通用控件

图 5-19 动画连接属性

并在画面属性里的命令语言中写入：\\本站点\路径=InfoAppDir（）+"动画名称.扩展名"，以获取动画路径（该动画应在本工程里）。这里，"组态王"获取程序当前运行路径的函数为 InfoAppDir()。".swf"即要播放 Flash 文件的扩展名。

注意：在"组态王"中插入 Flash 动画可以做出比较漂亮的动画效果，但是很难将"组态王"中内部的变量同 Flash 动画关联起来。

第6章　命令语言

教学目标

☞　了解"组态王"命令语言的编写方式
☞　掌握常见系统函数

教学要求

知识要点	能力要求	相关知识
组态王的命令语言	（1）熟悉"组态王"常见的命令语言类型 （2）掌握各种常见命令语言编写的方法步骤 （3）能利用各种命令语言产生方波、三角波等	应用程序命令语言、数据改变命令语言、事件命令语言、热键命令语言、画面命令语言
常见系统函数	（1）熟悉"组态王"常见系统函数的类型及其作用 （2）掌握系统函数的应用	ShowPicture()，ClosePicture()，HidePicture()，Exit()

引例

目前，Java、.NET、C/C++/C#、JSP、ASP、PHP 等编程语言被程序员广泛运用，那么，"组态王"是否也有一款适合自己的开发语言呢？如果有的话，是什么？需要什么语言的学习基础吗？入门难吗？相信不少读者都会有这些疑问。

本章将会对组态王的命令语言进行详细讲解，指引大家编写一个类似于虚拟 PLC 的 INCREA100 效果的程序来熟悉组态王命令语言的语言特点和编写方法。

6.1　概述

组态王中命令语言是一种在语法上类似 C 语言的程序，是 C 的一个子集，工程人员可以利用这些程序来增强应用的灵活性、处理一些算法和操作等。命令语言包括应用程序命令语言、热键命令语言、事件命令语言、数据改变命令语言、自定义函数命令语言和画面命令语言等。各种命令语言通过"命令语言编辑器"编辑输入，在"组态王"运行系统中被编译执行。

命令语言都是靠"事件"触发执行的，如定时、数据的变化、键盘键的按下、鼠标的点击等。这点同一般的 C 语言编程有一定的区别，C 语言一般都是以一个主函数开始的，而组态王的程序执行更像是 PLC 的循环扫描，用户在编程的时候，要适应这个变化。

"组态王"除了在定义动画连接时支持连接表达式，还允许用户定义命令语言来设计控制算法、编制驱动程序等，极大地增强了应用程序的灵活性。

6.2　应用程序命令语言

"组态王"的命令语言中用得最多的是"应用程序命令语言"。下面就利用"应用程序命令语言"编写一个类似于虚拟 PLC 的 INCREA100 效果的程序。

在工程浏览器的目录显示区,选择"文件"→"命令语言"→"应用程序命令语言"节点,则在右边的内容显示区出现"请双击这儿进入<应用程序命令语言>对话框"图标,如图 6-1 所示。

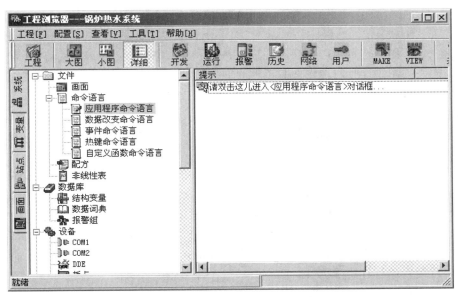

图 6-1 选择应用程序命令语言

双击该图标,则弹出"应用程序命令语言"窗口,如图 6-2 所示。

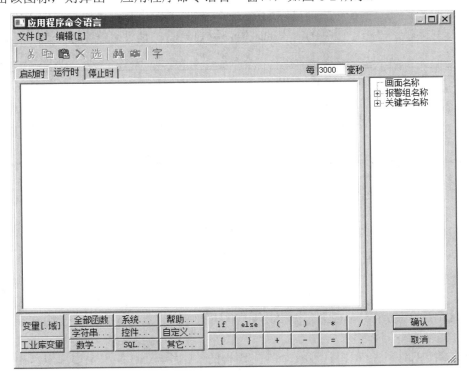

图 6-2 "应用程序命令语言"窗口

命令语言程序是指在组态王运行系统启动时、运行时和退出时所执行的应用功能程序。

选择"启动时"选项卡，在该编辑器中输入命令语言程序，该段程序只在运行系统启动时执行一次，这里可以设置一些初始条件，如一些变量的初始值等。本例中的数值是从 0 开始的，不妨设置变量的初始值为 0。

选择"停止时"选项卡，在该编辑器中输入命令语言程序，该段程序只在运行系统退出时执行一次。

当选择"运行时"选项卡时，会出现输入执行周期的文本框"每……毫秒"。输入执行周期，则"组态王"系统运行时，将按照该时间周期性地执行这段命令语言程序。"运行时"的运行机制就好比 PLC 的运行，是一个"循环扫描"的过程。扫描周期的长短依据对象特性、采集参数的多少、程序量的大小等因素确定。

"组态王"的程序中，也允许使用中文，这点会使用户编程变得相当方便，特别适合中国的工程师使用。

命令语言程序的语法与一般 C 程序的语法没有大的区别，用运算符连接变量或常量就可以组成较简单的命令语言语句，如赋值、比较、数学运算等。命令语言中可使用的运算符以及优先级与 C 语言的表达式相同，每一程序语句的末尾应该用分号";"结束。

注释也可分为单行注释和多行注释两种。注释可以在程序的任何地方进行。单行注释在注释语句的开头加注释符"//"，多行注释是在注释语句前加"/*"，在注释语句后加"*/"。多行注释也可以用在单行注释上。

在使用 if…else…、while（）等语句时，其程序要用大括号"{ }"括起来，只有单行语句可以不使用，这点跟 C 语言没什么区别。

本例首先建立一个名字为"变量"的内存整数变量，将其最大值设置为 200，最小值为 0，并在对应画面放置一个字符，将其动画连接设置为模拟值输出，就可以观察到"变量"值的变化。在没有接触到"组态王"的语言的时候，用 C 语言的惯性思维来进行考虑，也许会写如下的代码：

```
While    (  \\本站点\变量 <100 )
{
    \\本站点\变量=   \\本站点\变量+1;
}
```

☺小贴士：如果只有单机操作，"\\本站点\变量"和"变量"是等效的。比如上面可以写成"\\本站点\变量=   变量+1;"

上述语句设计意图是，当变量小于 100 时，变量不停地加 1，直到加到 100。我们先完成一个增加到 100 的步骤。但是在切换到 VIEW 的时候，发现这个变量直接从 0 调到了 100。这里在设计程序时忽略了一个问题，就是"运行时"，会有一个"每……毫秒"的执行时间，实质上，这个程序就是不停地运行，已经有了循环的特点，反而 while 语句会在一次循环中直接加到 100，而不符合要求。

此外在组态王的关键词中，没有"for"这样的关键字，"while"也要慎用，使用不善会造成死循环。

接下来，继续修改代码。

```
if   (   \\本站点\变量 <100 )
    {
        \\本站点\变量=   \\本站点\变量+1;
    }
else
    {
        \\本站点\变量= 0;
    }
```

上述语句在"每……毫秒"的执行时间，本例是 3000 毫秒，也就是 3 秒执行一次当变量小于 100 的时候，变量不停地加 1，直到加到 100，到了 100 后直接变化为 0。这样的数据变化就是一个"锯齿波"的样子，那么如何将数据输出设计成一个"三角波"的变化形状呢？

要求的"三角波"数据应该这样变化，先从 0 递增到 100，再从 100 递减到 0。继续修改代码如下：

```
if   (   \\本站点\变量 <100 )
    {
        \\本站点\变量=   \\本站点\变量+1;
    }
else
    {
        \\本站点\变量= \\本站点\变量-1;
    }
```

上述语句设计意图是，当变量小于 100 时，让它递增，否则让它递减。但在运行后，得到的结果是这个变量升到 100 后，便在 99 和 100 之间跳动。发生这个错误的原因实际是 C 语言没有处理好，其实可以通过设置一个标志位变量来实现上述要求，添加一个"方向"内存离散变量，继续修改代码如下：

```
if   (   \\本站点\方向 ==0)
{
if   (   \\本站点\变量 <100 )
        \\本站点\变量=   \\本站点\变量+1;
else
        \\本站点\方向 ==1;
}
if   (   \\本站点\方向 =1)
{
if   (   \\本站点\变量>0 )
        \\本站点\变量=   \\本站点\变量-1;
else
        \\本站点\方向 =0;
}
```

　　如果"方向"标志位为"0"，就执行加 1 运算；如果"方向"标志位为"1"，就执行减 1 运算。这样数据输出就是一个"三角波"的形状，便可以实现上述要求。本例虽然简单，但在实际应用中，很多初学者都容易出错。"组态王"的编程很大程度与读者的 C 语言基础有关，如果想要更好地掌握"组态王"的编程，不妨在了解"组态王"指令的前提下，补充相关的 C 语言知识。

　　在"组态王"中还内置了一些数学运算的函数，如果想显示一个正弦曲线，可以编写如下的代码：

```
if  (    \\本站点\变量  <360 )
    {
        \\本站点\正弦值= Sin(\\本站点\变量  );
        \\本站点\变量=   \\本站点\变量+1;
    }
else
    {
        \\本站点\变量=0;
    }
```

　　这里就调用了系统的内部函数 Sin()，该函数接收的是角度值，因此可以给定 0°～360°的值，配合下一章讲到的趋势曲线便可以构造完整的正弦曲线。

6.3　数据改变命令语言

　　在工程浏览器中选择"命令语言"→"数据改变命令语言"，在浏览器右侧双击"新建"图标，弹出"数据改变命令语言"窗口，如图 6-3 所示。

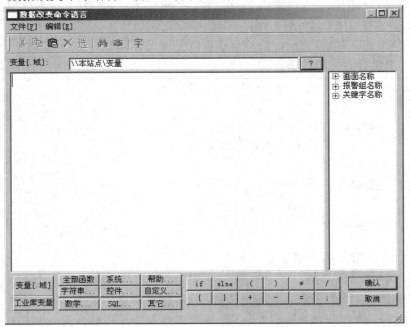

图 6-3　"数据改变命令语言"窗口

同"应用程序命令语言"的时间间隔触发不同,"数据改变命令语言"触发的条件为连接的变量或变量域的值发生了变化。在命令语言编辑器"变量[. 域]"文本框中输入或通过单击"?"按钮选择变量名称。当连接的变量的值发生变化时,系统会自动执行该命令语言程序。例如,当锅炉压力高于上限值时就要报警,并做出相应动作,该报警程序就可以用数据改变命令语言实现。

6.4　事件命令语言

"事件命令语言"是指当规定的表达式的条件成立(如某个变量等于定值、某个表达式描述的条件成立)时执行的命令语言。

在工程浏览器中选择"命令语言"→"事件命令语言",在浏览器右侧双击"新建"图标,弹出"事件命令语言"窗口,如图 6-4 所示。事件命令语言有三种类型:

发生时:事件条件初始成立时执行一次。

存在时:事件存在时定时执行,在"每……毫秒"文本框中输入执行周期,则当事件条件成立期间周期性执行该命令语言。比如,本站点\变量<100 等条件成立。

消失时:事件条件由成立变为不成立时执行一次。

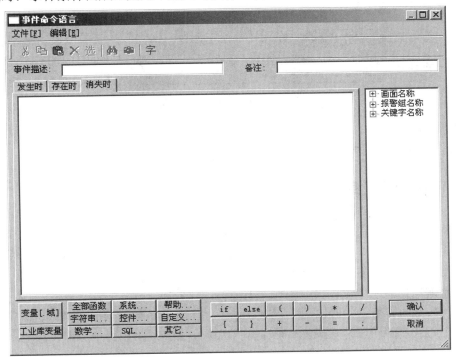

图 6-4　"事件命令语言"窗口

6.5　热键命令语言

"热键命令语言"是指软件运行期间,当用户按下键盘上相应的热键时可以启动的命令语言程序。热键命令语言可以指定使用权限和操作安全区。

在工程浏览器的目录显示区，选择 "文件"→"命令语言"→"热键命令语言"节点，然后双击浏览器右侧内容显示区出现的"新建"图标，弹出"热键命令语言"窗口，如图 6-5 所示。

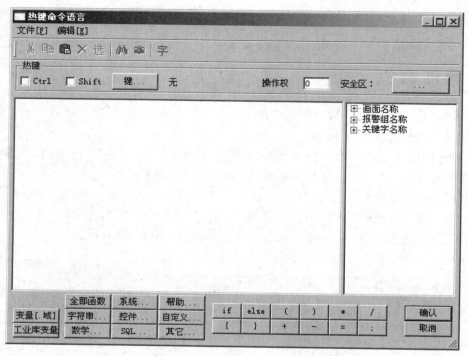

图 6-5 "热键命令语言"窗口

这里面的按键可以是单个键，也可以将这些键同<Ctrl>键或者<Shift>键配合组成组合按键，只要在选择的时候将 Ctrl 或者 Shift 前的复选框选中即可。

6.6 画面命令语言

"画面命令语言"是与画面显示相关的命令语言程序。在组态王画面设计界面中，鼠标右键单击画面，在弹出的快捷菜单中选择"画面属性"菜单项可以打开"画面属性"对话框，或在画面设计中按下<Ctrl>+<W>键，弹出"画面属性"对话框，如图 6-6 所示。在"画面属性"对话框中，单击窗口右上角的"命令语言"按钮，弹出"画面命令语言"窗口，如图 6-7 所示。

与"应用程序命令语言"不同，"画面命令语言"仅对该画面起作

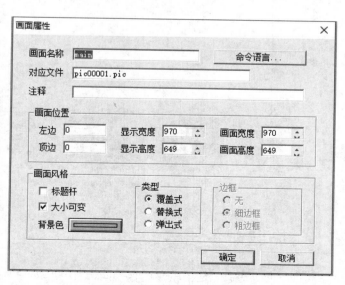

图 6-6 "画面属性"对话框

用，其有三种类型：

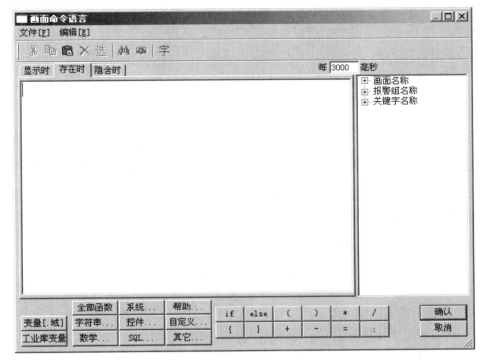

图 6-7　"画面命令语言"窗口

显示时：打开或激活画面为当前画面或画面由隐含变为显示时执行一次。

存在时：画面在当前显示时或画面由隐含变为显示时周期性执行，可以定义执行周期，在"每…毫秒"文本框中输入执行的周期时间即可。

隐含时：画面由当前激活状态变为隐含或被关闭时执行一次。

☺小贴士：与"应用程序命令语言"一直存在不同，"画面命令语言"在画面完全被遮盖或者画面被关闭时就无效了。

6.7　常用的系统函数

"组态王"在应用中有很多特定的函数语言，如画面的关闭、打开等，下面介绍几个常用的系统函数。

6.7.1　画面操作函数

打开一个画面：ShowPicture，此函数用于显示画面。

调用格式：ShowPicture("PictureName");

关闭一个画面：ClosePicture，此函数用于将已调入内存的画面关闭，并从内存中删除。

调用格式：ClosePicture("PictureName");

隐藏一个画面：HidePicture，此函数用于隐藏正在显示的画面，但并不将其从内存中删除。

调用格式：HidePicture ("PictureName");

还有一个常用的命令就是退出命令：Exit(Option)，应用此函数可以退出"组态王"运行环境。这里面的 Option 是整型变量或数值，可以取如下几个有效参数：

0—退出当前程序；

1—关机；

2—重新启动 Windows。

调用格式：Exit(Option);

下面以一个实例来说明上述几个指令的应用，涉及三个画面，分别命名为"画面 1""画面 2""画面 3"，如在"画面 1"中放置三个按钮，分别用于打开"画面 2""画面 3"的页面和"关闭整个工程"。

打开"画面 2"的按钮，添加代码：ShowPicture("画面 2");打开"画面 3"的按钮，添加代码：ShowPicture("画面 3");如果退出"组态王"运行环境，添加代码：Exit(0)。

6.7.2　常用数学操作函数

对于一些监控软件而言，经常需要进行一些数学计算，如对采集到的数据进行分析、求取一个最大值、求取一个最小值和平均值。如果这类操作需要用户自己去编制程序就显得很麻烦，因此在"组态王"中内置了一些数学函数，下面做一简要的列举。

Abs：此函数用于计算变量值的绝对值。例如，Abs(–7.5)，返回值为 7.5。

ArcCos：此函数用于计算变量值的反余弦值，变量值的取值区间为[–1，1]，否则函数返回值无效。

ArcSin：此函数用于计算变量值的反正弦值，变量值的取值区间为[–1，1]，否则函数返回值无效。

Average ：此函数为对指定的多个变量求平均值。语法使用格式如下：

　　　　　Average（'a1', 'a2'）；或 Average('a1:a10');

Cos 　　：此函数用于计算变量值的余弦值。

Exp 　　：此函数返回指数函数 e^x 的计算结果。

Int 　　：此函数返回小于等于指定数值的最大整数。例如，Int(–4.7)，将返回–5。

LogE 　：此函数返回对数函数 $\log e^x$ 的计算结果，x 为变量值。

LogN 　：此函数返回以 N 为底的 x 的对数。以 1 为底的对数没有定义。

Max 　：此函数用于求得两个数中较大的一个数。可以递归调用，例如：

　　　　　MaxValue = Max(Max(var1,var2), var3);

Min 　　：此函数用于求得两个数中较小的一个数。可以递归调用，例如：

　　　　　MinValue=Min(Min(var1,var2),var3);

Pow 　：此函数用于求得一模拟值或模拟变量的任意次幂。调用格式：

　　　　　Result=Pow(x, y);

Sgn 　：此函数用于判别一个数值的符号(正、零或负)。调用格式：

　　　　　IntegerResult=Sgn(Number)；如 Sgn(–37.3)将返回–1。

Sin 　：此函数用于计算变量值的正弦值。调用格式：

　　　　　Sin(变量值);

Sqrt 　：此函数用于计算变量值的平方根。调用格式：

　　　　　　　　Sqrt(变量名或数值);

Sum　　　：此函数用于对指定的多个变量求和。语法使用格式如下：

　　　　　　　　Sum('a1', 'a2');

Tan　　　：此函数用于计算变量值的正切值。调用格式：

　　　　　　　　Tan(变量值);

　　"组态王"包含很多函数，限于篇幅，难以一一介绍；更详细情况请参阅《组态王命令语言函数速查手册》。

本 章 小 结

　　本章介绍了"组态王"程序设计的基本情况，并给出了一个简单的案例，对比了与 C 语言编程的不同，此外还介绍了一些常用的内置函数。

习 　 题

　　1．"组态王"中常见的命令语言有哪些？何时会触发执行这些命令语言？

　　2．试编写应用程序分别产生方波、三角波以及正弦波。

　　3．"组态王"中常见的系统函数有哪些？分别有什么作用？

　　4．"组态王"命令语言的长度是多少？能否被加长？如何解决由于编程命令较长而导致命令窗口无法全部写下的问题？

 阅读资料

命令语言与函数——常见问题解答

　　1．希望用户能在不退出"组态王"运行环境的情况下启动一个其他软件，如何实现？

　　针对这种需求，"组态王"软件专门提供了一个 StartApp()函数来实现此功能，具体请参照该函数的使用说明。

　　2．注意到"组态王"的命令语言窗口中能够写入的编程命令是有限制的，如果编程命令比较长，命令窗口中无法写下，请问如何解决？

　　针对这种需求，"组态王"软件提供了自定义命令语言功能。用户可以先将整个编程命令语言进行划分（如按子功能块），然后每个子功能块都单独地在自定义命令语言中编写，最后在要用到的命令语言窗口中像调用"组态王"提供的函数一样调用自定义的函数来实现功能即可。

　　3．在事件命令语言中编程同一时刻处理多项任务，会造成冲突吗？

　　同一时刻处理多项任务，会造成计算机软件在某一时刻负担过重，从而导致系统繁忙无法及时响应用户的操作。因此建议用户在同一事件命令语言中不要做过多的程序操作。用户可以多做几个事件命令语言，将事件发生的时间适当地错开，这样有利于软件的正常运行。

　　4．请问"组态王"能否显示十六进制的数据？

　　"组态王"的运算机制本身不支持十六进制的数据，但是"组态王"提供了一个转换函数 StrFromInt（Integer，Base），其中 Interger 为要转换的十进制数，它是一个数字或者为"组态王"的整型变量，Base 为用来转换的进制。此函数是将十进制数值转换成十六进制格式字符

串，用户使用字符串输出就可以显示了。

5．请问如何通过编程在"组态王"软件中生成一个随机的数据？

"组态王"软件提供了仿真 PLC 驱动程序，此驱动可以在驱动列表"PLC"→"亚控"→"仿真 PLC"下找到。使用此仿真驱动的 RAMDOM 寄存器，用户可以方便地建立产生随机数据的变量，不需要用户在程序语言中通过编程来实现。

6．由于直接采用"组态王"的年月日时分秒做运算比较麻烦，请问如何通过编程来统计一项工序的运行时间？

"组态王"软件提供了一个函数 HTConvertTime()，此函数可以将某时刻的年月日时分秒数据统一转换成一个以秒为单位的整数。使用这个函数，用户算出开始与结束时的数值，通过简单的减法运算，就可以计算出实际运行了多少时间。

7．能否在"组态王"画面上做一个按钮，实现键盘<Ctrl+Shift>切换输入法的功能？

可以，用函数 SendKeys("^+")来实现。

8．在定义数据改变命令语言和事件命令语言时，能不能使用远程变量来作为触发脚本执行的条件？

不能，"组态王"规定，在定义数据改变命令语言和事件命令语言时，不能使用远程变量来作为触发脚本执行的条件。

第7章　趋势与控件

- ☞　掌握实时曲线添加、设置的方法
- ☞　熟悉三种历史曲线的绘制方式
- ☞　熟悉自定义历史曲线常见的函数
- ☞　掌握通用历史曲线的设置
- ☞　熟悉棒图控制的使用

教学要求

知识要点	能力要求	相关知识
实时曲线	（1）掌握实时曲线的概念及特点 （2）掌握实时曲线的类型及其绘制的方法步骤	"组态王"内置实时趋势曲线、实时趋势曲线 Active X 控件
历史曲线	（1）掌握历史曲线的概念及特点 （2）掌握历史曲线的类型及其绘制的方法步骤 （3）熟悉自定义历史曲线常见的函数	通用历史趋势曲线、自定义历史趋势曲线、历史曲线控件
控件的应用	（1）了解棒图控件的概念 （2）熟悉棒图控件的主要函数及其使用 （3）掌握棒图控件的创建方法步骤 （4）了解其他常见曲线控件	变量、chartAdd()等棒图函数、X-Y 曲线、超级 X-Y 曲线

引例

　　一连串的数据往往让人看得晕头转向，容易产生视觉疲劳。这时，若能将这些数据以曲线的形式呈现出来，那么就会给人一种一目了然的感觉。曲线可以形象生动地反映数据的变化趋势，便于比较以及规律的总结。

　　利用"组态王"软件，既可以绘制出数据的实时曲线，又可以很方便地查看历史曲线。其中，历史趋势曲线又可分为通用历史趋势曲线和自定义历史趋势曲线，用户可以根据需求绘制。众所周知，绘制曲线的工具有很多很多，那么"组态王"绘制曲线有什么优势呢？绘制的曲线又有什么特点呢？为了满足自己的好奇心，并且学到更多的知识，赶紧打开"组态王"软件吧！跟着本章讲述的例子，亲自动手试试，感受一下"组态王"给我们带来的绘图惊喜。

7.1　概述

　　工控组态软件，一般表现形式都比较丰富，除了第 5 章描述的模拟量、字符串等输出的动画连接，如果还想直观地观测到这些变量的变化情况，就可以用趋势曲线的方式来展示。趋势分析是控制软件必不可少的功能，"组态王"对该功能提供了强有力的支持，包含实时趋势曲线、历史趋势曲线、温控曲线和超级 X-Y 曲线等。

7.2 实时趋势曲线

实时趋势曲线外形类似于坐标纸，X 轴代表时间，Y 轴代表变量值。其最大的特点在于，画面程序运行时，实时趋势曲线可以自动卷动，以快速展示变量随时间的变化。"组态王"提供两种形式的实时趋势曲线："组态王"工具箱中的实时趋势曲线和以 Active X 控件形式呈现的实时趋势控件。

本例通过创建一条实时趋势曲线，来讲述实时趋势曲线的特性。

在"组态王"开发系统中制作画面时，选择菜单"工具"→"实时趋势曲线"命令或单击工具箱中的"实时趋势曲线"按钮（该按钮上有一个字母 R，代表 Realtime），此时光标在画面中变为"十"字形，在画面中用光标画出一个矩形，实时趋势曲线就在这个矩形中绘出，如图 7-1 所示。

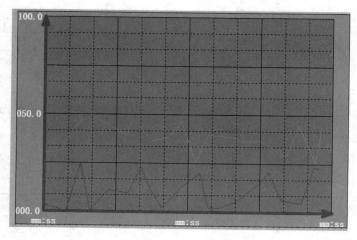

图 7-1 实时趋势曲线

实时趋势曲线对象的中间有一个带有网格的绘图区域，表示曲线将在这个区域中绘出，网格下方和左方分别是 X 轴（时间轴）和 Y 轴（数值轴）的坐标标注，可以通过拖拽实现曲线的移动或改变大小。

双击此实时趋势曲线对象，弹出"实时趋势曲线"对话框，如图 7-2 所示。

对于用户而言，最重要的是对话框的"曲线定义"选项卡中"曲线"选项组，用户可以定义 1～4 条曲线。在实时趋势曲线中可以实时计算表达式的值，所以它可以使用表达式，但一般在应用中，使用变量名居多，通过单击右边的"？"按钮可对数据库中已定义的变量进行选择。每条曲线可通过右边的"线型"和"颜色"按钮来改变线型和颜色。其他部分的含义如下：

从工具箱中拖出的实时趋势曲线是不带坐标轴的，要想有坐标轴的显示，就必须选中"坐标轴"复选框，通过单击"线型"按钮或"颜色"按钮，在弹出的列表中选择坐标轴的线型或颜色，本例的图 7-1 中就添加了坐标轴。

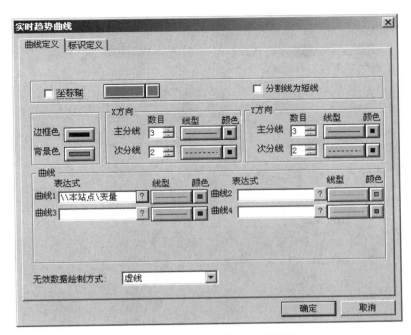

图 7-2 "实时趋势曲线"对话框

在曲线图中可以看到一些实线和虚线，这就是在"曲线定义"选项卡中定义的主分线和次分线，主分割线将绘图区划分成矩形网格，次分割线进一步划分由主分割线划分出来的矩形网格。这两种线都可改变线型和颜色。分割线的数目可以通过方框右边的上下箭头按钮来增加或减少，也可通过编辑区直接输入。工程技术人员可以根据工艺要求决定分割线的数目和每格的刻度范围。

"分割线为短线"复选框：选择分割线的类型。选中此复选框后在坐标轴上只有很短的主分割线，整个图纸区域接近空白状态，没有网格。

"边框色"按钮可以定义曲线边框的颜色和类型，边框色的一部分会跟坐标轴重叠。

"背景色"按钮表示绘图区域的背景（底色）颜色，这块区域就是上述网格所包含的区域。

"实时趋势曲线"对话框另一个选项卡是"标识定义"，如图 7-3 所示。这里的选项对显示的情况均有较大影响，在第一行中有"标识 X 轴——时间轴"和"标识 Y 轴——数值轴"两个复选框，默认选中，如果用户只需要显示一个，可以放弃勾选。

1）"数值轴"，实际就是 Y 轴。在 Y 轴中，需要设置的有：

标识数目：数值轴显示数字的数目，等间隔分布在数值轴的左侧。

起始值：数值轴显示的最小值。

最大值：数值轴显示的最大值。这个数值在图形中的具体显示情况需要与下面的数值格式相配合，如果选择"数值格式"为"工程百分比"，那么数值轴起点和最大值都是对应的百分比值，最小为 0；如果选择"数值格式"为"实际值"，那么对应的是实际参数。

整数位位数、小数位位数、科学计数法、字体这些与我们的常识相符。

2）"时间轴"，实际就是 X 轴。在 X 轴中，需要设置的有：

标识数目：时间轴显示时间的数目，等间隔分布在时间轴下侧。如果在画面中的曲线图形比较大，就可以多放置一些。在运行系统中，显示实际的时间。

格式：时间轴标识的格式。可以根据需要选择显示哪些时间量，一般对于短时间的应用，可以选其中相应的部分，如"分""秒"。

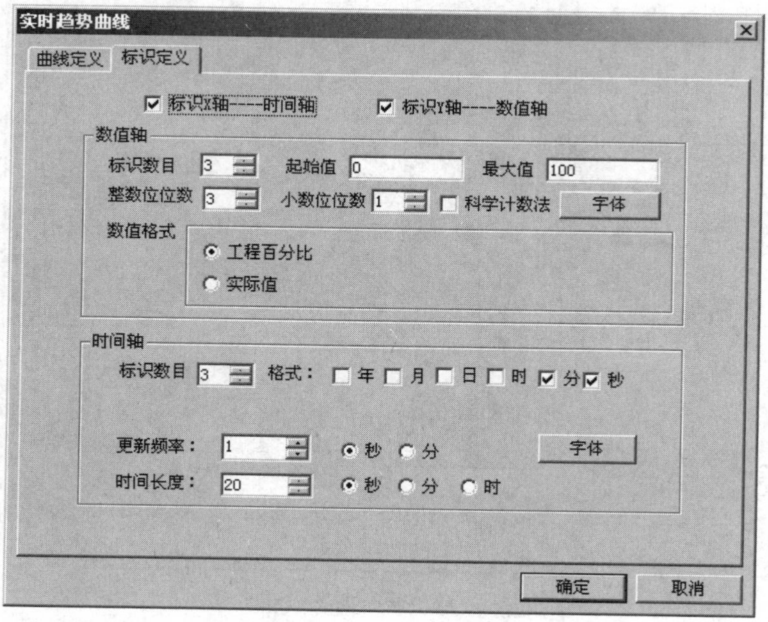

图 7-3　实时趋势曲线设置标识定义

更新频率：图表采样和绘制曲线的频率。最小 1 秒，运行时不可修改。

时间长度：时间轴所表示的时间跨度。可以根据需要选择时间单位——秒、分、时，最小跨度为 1 秒，每种单位最大值为 8000。

"时间长度"与时间的"更新频率"相互配合，如上面的时间长度为 1 分钟，选择更新频率为 1 分钟就显然不合适了。同样，如果选择的时间长度为 5 小时，更新频率选择 1 秒钟也不合理。

通过上述操作就基本上完成了实时趋势曲线的设置，并可在画面中实时显示。另外，可利用"CkvrealTimeCurves Control"实时趋势曲线控件进行实时数据显示，此处不加以展开，有兴趣的读者可以自行尝试。

7.3　历史趋势曲线

历史趋势曲线不同于实时趋势曲线，历史趋势曲线不能自动卷动，它一般与功能按钮一起工作，共同完成历史数据的查看工作。这些按钮可以完成翻页、设定时间参数、启动/停止记录、打印曲线图等功能。

"组态王"提供三种形式的历史趋势曲线：通用历史趋势曲线、自定义历史趋势曲线、历史曲线控件。

7.3.1　通用历史趋势曲线

通用历史趋势曲线由组态王图库提供，是从图库中调用已经定义好各功能按钮的历史趋势曲线。对于这种历史趋势曲线，用户只需要定义几个相关变量，适当调整曲线外观即可完成历史趋势曲线的复杂功能。这种形式使用简单方便，但功能固定。

选择菜单"图库"→"打开图库"命令，弹出"图库管理器"，单击"图库管理器"中的"历史曲线"按钮，再双击历史曲线，这时将光标放置在画面中，光标会变为直角符号"⌐"，移动光标到画面上适当位置，单击鼠标左键，历史曲线就复制到画面上了，之后可以通过拖拽等方式来调整曲线的大小。其样式如图 7-4 所示。

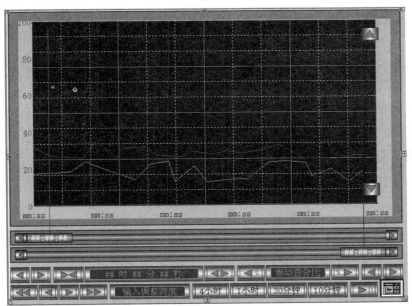

图 7-4　历史趋势曲线

双击该曲线，系统会弹出"历史曲线向导"对话框，如图 7-5 所示。

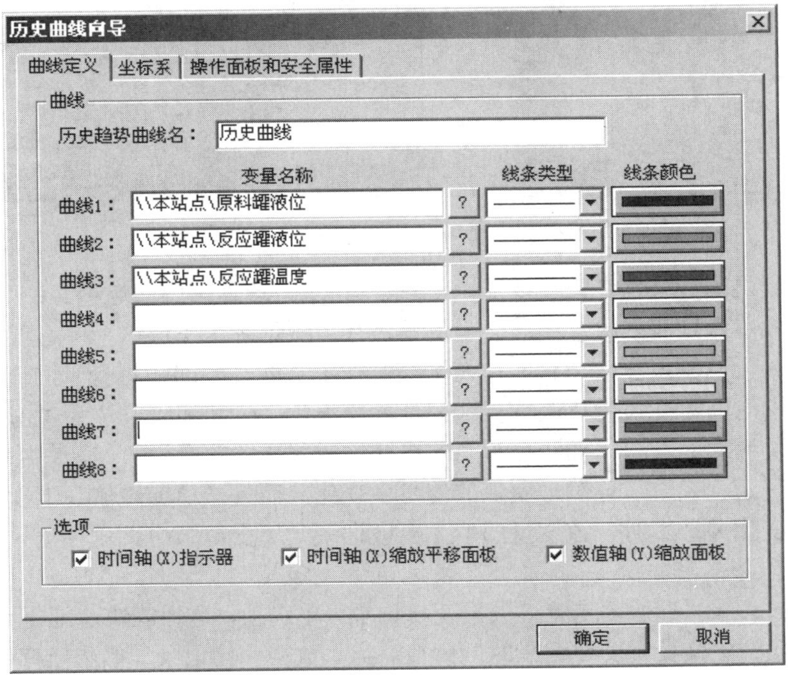

图 7-5　"历史曲线向导"对话框

不同于"实时趋势曲线","历史趋势曲线"一定要设置一个名称，这个名称将会出现在工程浏览器的数据词典里面，作为一个变量。历史曲线的内容设置与实时曲线相同，最多支持 8 条曲线。

在历史曲线向导的配置中，跟上一节中实时曲线的配置基本相同。

很多初学者在进行完历史曲线设置后，立即切换到运行窗口等待曲线的产生，却一直等不到结果。这里的问题是，历史数据所对应的数据必须要存在，那么为了能够被找到这些数据，这些数据必须先前被记录。

在前面章节介绍变量的定义的时候，仅仅介绍了基本属性，对于历史数据里面的数据，需要定义它的记录属性。

可以在新建的时候，或者在工程浏览器的数据词典中找到需要定义记录属性的变量，双击该变量进入"定义变量"对话框，打开"记录和安全区"选项卡，如图 7-6 所示。

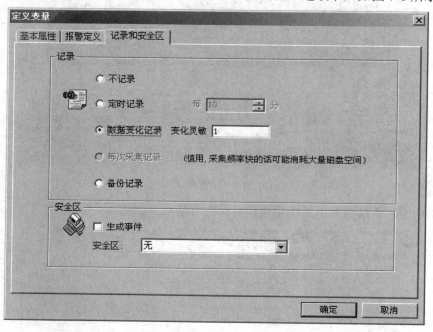

图 7-6　定义变量"记录和安全区"选项卡

为了让数据再现，必须在先前要加以记录，"记录"选项组中的选项有：

不记录：此单选项有效时，则该变量值不进行历史记录。不选这个单选项是默认值。

定时记录：无论变量变化与否，系统运行时按定义的时间间隔将变量的值记录到历史库中，每隔设定的时间对变量的值进行一次记录。最小定义时间间隔单位为 1 分钟，这种方式适用于数据变化缓慢的场合，如一个车间的温度这种大惯性的变量。

数据变化记录：系统运行时，变量的值发生变化，而且当前变量值与上次的值之间的差值大于设置的变化灵敏度时，该变量的值才会被记录到历史记录中。这种记录方式适合于数据变化较快的场合。

在学习的过程中，一般会选择"数据变化记录"单选项，这样能快速地得到需要的效果。

变化灵敏度：定义变量变化记录时的阈值。当"数据变化记录"单选项有效时，"变化灵敏度"文本框才有效。

比如，图 7-5 中的"反应罐液位"，设置其变化灵敏度为 1，则其记录过程如下：

如果第一次记录值是 10，当第二次的变量值为 10.9 时，由于 10.9－10＝0.9＜1，也就是第二次变量值相对第一次记录值的变化小于设定的"变化灵敏度"，所以第二次变量值不进行记录，当第三次变量值为 12 时，由于 12－10.9＝1.1＞1，即变化幅度大于设定的"变化灵敏度"，所以此次变量值才被记录到历史记录中。可以通过更改这个设置，来改变数据库中数据的量。

由于没设置数据的记录属性而导致"历史趋势曲线"显示失败在初学者中出现的比例非常高，需加以重视。

> ☺小贴士：在使用"组态王"中的历史数据功能时，一定要对所选的变量进行记录属性设置，否则会导致"历史趋势曲线"显示失败。

那么刚才的数据是存到哪里了呢？这些数据保存到了"历史库"中。在"组态王"工程浏览器的菜单栏上单击"配置"菜单项，再从弹出的菜单中选择"历史数据记录"命令，弹出"历史库配置"对话框，如图 7-7 所示。

系统默认的情况就如图 7-7 所示，在运行时，历史数据是被记录的。可以单击历史库的"配置"按钮进行设置，如图 7-8 所示，在该对话框中可以对历史数据库的存放路径、数据保存天数等参数进行设置。

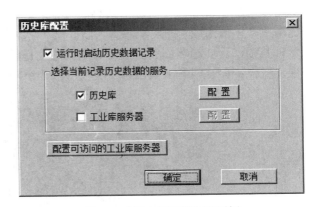

图 7-7　"历史库配置"对话框

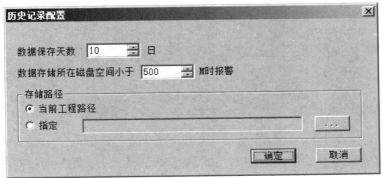

图 7-8　"历史记录配置"对话框

7.3.2　自定义历史趋势曲线

自定义历史趋势曲线位于"工具箱"→"历史趋势曲线"中，这是一个个性化曲线，很多功能需要用户通过添加其他按钮并进行简单的编程来加以实现。

加入该"历史趋势曲线"的方法与加入"实时趋势曲线"相同，同样可以通过双击该曲线进行相应的设置，包括历史趋势曲线的命名、变量的选取、坐标轴的设置等。同样对于历史数据，所选择的变量一定要设置记录属性。

　　然而，当用户完成上述设置之后，会发现所放置的这条历史曲线基本不受控制，仅仅会显示一定时间长度的历史数据的曲线。这个时间长度就是在参数设置里面时间坐标轴对应的参数，离实际使用还有一定的差距，需要用到一些按钮来辅助其他功能的实现。

　　通常历史趋势曲线变量有以下几个：

　　ChartLength：历史趋势曲线的时间长度，长整型，可读可写，单位为秒。

　　ChartStart：历史趋势曲线的起始时间，长整型，可读可写，单位为秒。

　　ValueStart：历史趋势曲线的纵轴起始值，模拟型，可读可写。

　　ValueSize：历史趋势曲线的纵轴量程，模拟型，可读可写。

　　ScooterPosLeft：左指示器的位置，模拟型，可读可写。

　　ScooterPosRight：右指示器的位置，模拟型，可读可写。

　　Pen1～Pen8：历史趋势曲线显示的变量的 ID 号，可读可写，用于改变绘出曲线所用的变量。

　　用户可根据自己设计的历史趋势曲线要求，选择需要使用的历史趋势变量。本例设计的画面由三个区域组成，即历史趋势曲线区域、滑动杆操作区域、功能按钮操作区域，如图 7-9 所示。其中，历史趋势曲线显示区域为组态王提供的标准曲线显示，滑动杆及功能按钮则为个性化操作。曲线组态上文已讲，这里重点介绍功能按钮及滑动杆的个性化设计。

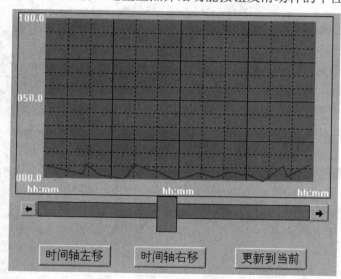

图 7-9　历史趋势曲线及其相关按钮

　　设计了三个功能按钮。第一个按钮"时间轴左移"是让历史趋势曲线向左卷动，第二个按钮"时间轴右移"是让历史趋势曲线向右卷动，第三个按钮"更新到当前"是让历史趋势曲线状态的最右侧与当前时间保持一致，展示最近的历史数据的值。

　　第一个和第二个按钮所用的都是时间轴平移的函数。这个函数的作用是通过改变 ChartStart 这个值使趋势曲线的左端和右端同时左移或右移。

　　例如，时间轴向左平移 1 小时，就可以用下述语句实现：

history.ChartStart=history.ChartStart-3600；

　　对应的时间轴向右平移 1 小时，语句如下：

history.ChartStart=history.ChartStart+3600；

　　这里后面加个 3600 是以秒为单位，其中的"history"是历史曲线控件的名称，也可以取中文名，下同。

有些时候，并不想平移时间段，而是想移动一个时间的比例，可以按如下方式来实现。

时间轴百分比左移 10%：HTScrollLeft(history，10)；

时间轴百分比右移 10%：HTScrollRight(history，10)。

有些时候也不清楚到底要移动多少，这时就可以通过缩放坐标轴来实现，建立时间轴上的缩放按钮是为了快速、细致地查看数据的变化。

若左右指示器已在窗口两端，想将时间轴的量程缩小到左右指示器之间长度的一半，所用的函数为 HTZoomIn(history，"Center")；如果想将时间轴的量程增加一倍，所用的函数为 HTZoomOut(history，"Center")。

这里可以为第一个按钮添加 "history.ChartStart=history.ChartStart-60；" 的语句，每单击一次就可以向前移动 1 分钟的时间长度；为第二个按钮添加 "history.ChartStart=history.ChartStart+60；" 的语句，那么每单击一次就可以往后移动 1 分钟的时间长度。

历史趋势曲线在移动的过程中，若想迅速回到当前的位置，查看最新的数据，这个时候就要用到时间更新函数：HTUpdateToCurrentTime(history)，为第三个按钮配置这个命令。这个函数的作用是将历史曲线时间轴的右端设置为当前时间，以查看最新数据。注意，这里所有按钮功能的实现，都是通过单击按钮→动画连接→命令语言连接→按下时、弹起时等任选一种→输入相应的命令语言的方式来实现的。

此外，如果不想一点一点地移动，想直接查看某年某月某个指定时间段的曲线，可以使用 SetTrendPara(history)语句，此函数将建立一个按钮，单击该按钮，弹出设置对话框如图 7-10 所示，只需设置起始时间、时间长度、纵轴数值范围即可。

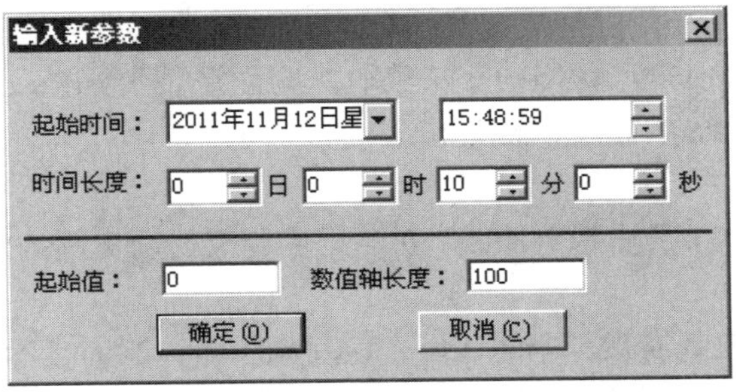

图 7-10　历史曲线 "输入新参数" 对话框

滑动杆功能的设计。如果想知道历史趋势曲线中某个时刻对应曲线上数据的值，可以使用 "组态王" 动画连接中的滑动杆输入实现。

为建立滑动杆连接，需要知道历史曲线窗口的宽度。您可以在曲线窗口下方绘制一条和窗口等宽的辅助直线，双击此直线对象，从弹出的 "动画连接" 对话框的第一行可以知道此直线的宽度，最后实现时删除该辅助直线即可。

这里假设曲线窗口宽度为 390，曲线名为 "history"，绘制如图 7-11 所示的图形，并为指示器的矩形部分建立 "水平滑动杆输入" 动画连接。

该设计可提供两种移动方式，第一种是单击左右两个带箭头的按钮，让中间矩形块及竖直线进行定量的左移或右移，可以用下述语句实现。

history.ScooterPosRight=history.ScooterPosRight-0.05；

history.ScooterPosLeft=history.ScooterPosLeft-0.05；

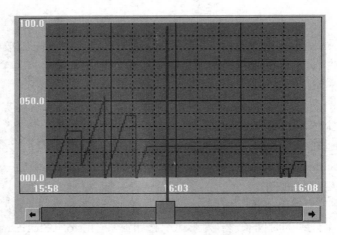

图 7-11　历史曲线滑动杆输入

第二种为单击矩形块和竖直线（可以考虑将矩形块和竖直线合成为图素），按住鼠标左键左右移动。具体实现如下：选中矩形块和竖直线→动画连接→滑动杆输入→水平→选择变量名称，如 history.scooterposleft 或 history.ScooterPosLeft→选择向左或向右移动的距离及对应值，对应值一般选择 0 或 1，这样即可实现矩形块的左右移动。接下来设置在滑动杆移动的时候，获取对应的 X 轴和 Y 轴的坐标。

X 轴实际上就是时间轴，可以利用这样的函数来获取：在画面上添加一个字符，并给它设置"字符串输出"的动画连接，在动画连接里面表达式设为 HTGetTimeStringAtScooter(history, 1,"time")。

Y 轴代表的是该历史变量表达式在某一个时刻的值。为了获得滑动杆对应位置的 Y 轴值，可以通过调用函数 HTGetValueAtScooter 来获取，调用格式：RealResult=HTGetValueAtScooter(HistoryName,scootNum,PenNum,ContentString);

其中：

"HistroyName"指在"历史趋势曲线"对话框中定义的历史趋势曲线名称，如 history 等，也可以是中文名称。

"ScootNum"代表左或右指示器的代码（1=左指示器，2=右指示器）。

"PenNum"代表笔号的整型变量或值（1～8）。如果是 1 则代表的是 Pen1，也就是曲线中第一条曲线，因为组态王历史曲线支持最多 8 条曲线，所以，Pen 的参数就从 1 到 8。注意，这里是从 1 开始计数的。

"ContentString"代表返回值类型的字符串，可以为以下字符串之一："Value"取得在指示器位置处的值，"Valid"判断取得的值是否有效。返回值为 0 表示取得的值无效，为 1 表示有效。若是"Value"类型，则返回模拟值。若是"Valid"类型，则返回离散值。我们是为了获取 Y 轴的值，可以选择"Value"。

"组态王"中还有很多跟历史数据相关的操作，这里不再一一介绍，感兴趣的读者可以查阅"组态王"的《命令语言函数手册》，这类函数通常以"HTGetXXX"的形式出现。

7.3.3　历史曲线控件

第三种显示历史趋势曲线的方式是添加"历史曲线控件"，在工具箱中单击"插入通用控件"按钮或选择菜单"编辑"→"插入通用控件"命令，弹出"插入控件"对话框，如图 7-12

所示。

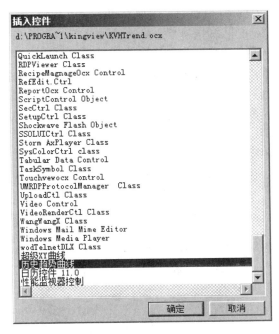

图 7-12　"插入控件"对话框

往下拉动滚动条，在列表中选择"历史趋势曲线"，单击"确定"按钮，这时光标箭头变为小"十"字形，可以通过鼠标拖拽确定"历史趋势曲线"的大小，如图 7-13 所示。

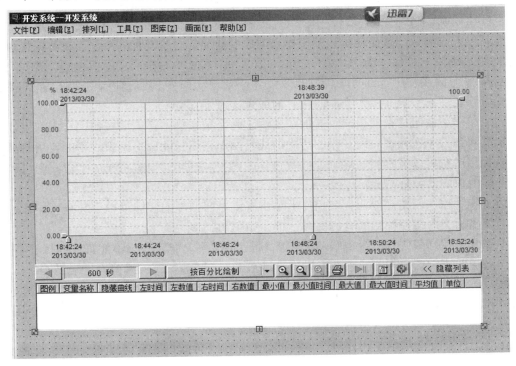

图 7-13　历史趋势曲线控件

这个历史曲线控件包含的功能较多，操作也较为复杂。

曲线在运行状态时，上部分区域包括了曲线和四个指示器。其中，位于 Y 轴的两个是数值轴指示器，位于 X 轴的是时间轴指示器。拖动位于 Y 轴上的数值轴指示器，可以放大或缩小曲线在 Y 轴方向的长度，一般情况下，该指示器标记为当前图表中变量量程的百分比；时间轴指示器所获得的时间字符串显示在时间指示器的顶部，时间轴指示器可以配合函数等获得曲线某个时间点上的数据。

曲线在运行状态时，下部分区域是曲线图表的工具条，在这里用户可以完成该控件的绝大部分操作。单击向左箭头按钮使曲线图表向左移动一段指定的时间段；单击向右箭头按钮使曲线图表向右移动一段指定的时间段。如果想设置时间移动的跨度，可单击两箭头中间区域，弹出设置的对话框，如图 7-14 所示，该图设置了每单击一下箭头，时间移动的跨度是 600 秒，跨度值可以键盘输入，也可以按跨度框中的上下箭头来完成，单位可以是秒、分、时、日等，由用户根据需要选择。

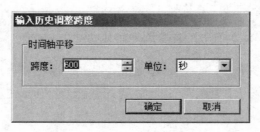

图 7-14　输入历史调整跨度

还可以选择绘制的方式，默认选择的是"按百分比绘制"，这时候曲线的 Y 轴按照满量程的百分比绘制。当选择下拉列表中的"定比例实际值"时，曲线绘制方式与按选择"按百分比绘制"方式类似，数值轴标识则根据当前选中曲线的对应变量的量程（在数据词典中定义的最大/最小值）显示。选择"单一轴实际值"，曲线的 Y 轴按照实际值绘制。选择"自动调整实际值"，曲线按照查询时间段内的最大/最小值自动调整，数值轴标识按照当前曲线（在曲线变量列表中选中的曲线为当前曲线）的最大/最小值显示。

放大和缩小按钮是帮助用户查看曲线的，这两个按钮后面是回退按钮，单击它可以将曲线图表返回到上一次查询时所获得的历史曲线。回退按钮只能回退一次，不能使用时显示为灰色。打印按钮可以直接打印这个控件所包含的内容，打印的设置将在后续设置中讲到，还有一些其他按钮的设置。

历史曲线控件创建完成后，在控件上单击右键，在弹出的快捷菜单中选择"控件属性"命令，弹出历史曲线控件的固有属性对话框，如图 7-15 所示。

首先要把数据跟曲线进行关联，这个控件同上述两种方式不同，不能直接选择一个变量，需要先添加曲线中的数据，其来源可以是"组态王"历史库、工业库或其他通过 ODBC 连接的数据源。这里选择"历史库中添加"按钮，弹出"增加曲线"对话框，如图 7-16 所示。读者可以在这里配置要添加的数据，每次添加一个，可以为对应的曲线选择线型、颜色等属性，添加完之后，切换到运行状态下，就可以看到历史曲线的变化了。

在"坐标系"选项卡中可以进行坐标的设置，这个设置同之前讲过的实时趋势曲线设置差不多。因为在"组态王"历史曲线控件中，包含了一个打印的按钮，可以直接打印当前画面的历史趋势曲线，所以还有一个"预置打印选项"选项卡，如图 7-17 所示。

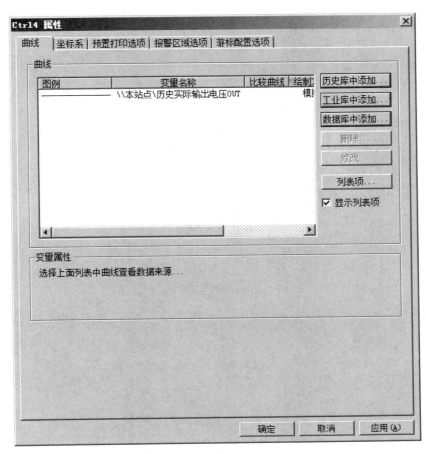

图 7-15　历史趋势曲线控件"曲线"属性设置

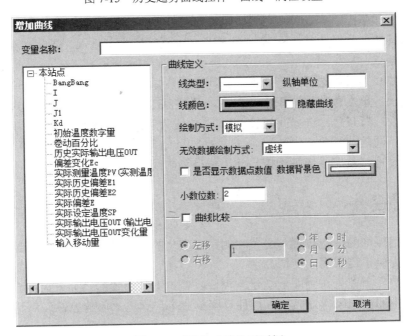

图 7-16　"增加曲线"对话框

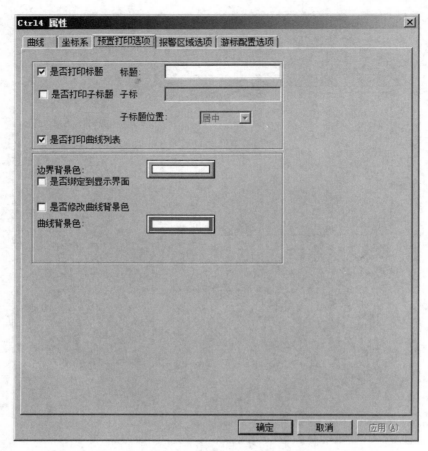

图 7-17　历史趋势曲线控件"打印"属性设置

各选项含义如下：

是否打印标题：选择此复选框后，"标题"文本框就变为可输入，在此文本框可以输入要打印图表的标题。

是否打印曲线列表：选择此复选框，打印曲线变量的列表。

边界背景色：单击"边界背景色"按钮，可以为打印曲线选择不同的边界背景色。

是否修改曲线背景色：选择此复选框后，"曲线背景色"按钮变为可选，单击此按钮可为打印曲线选择不同的背景色。

通过上述设置，就完成了基于控件的历史趋势曲线设计，并可实时运行。

7.4　棒图控件

棒图是指用图形的变化表现与之关联的数据变化的绘图图表，在工业监控系统中十分常见，组态王也提供了这方面的支持。

使用棒图控件，需先在画面上创建该控件。单击工具箱中的"插入控件"按钮，或选择画面开发系统中的"编辑"→"插入控件"菜单命令，弹出"创建控件"对话框，如图 7-18 所示。

在"种类"列表中选择"趋势曲线"，在右侧的内容显示区中选择"立体棒图"图标，单击创建后，在画面上就可以拖拽出一个立体棒图，双击该棒图，会弹出属性设置对话框，如图 7-19 所示。

和"历史趋势曲线"一样，需要给它添加一个变量名，并对其他参数进行相应的设置。但在属性中难以找到像"历史趋势曲线"或者"实时趋势曲线"中曲线对应数据这样的设置，这个需要通过编写代码来实现。

棒图的主要函数有以下几个：

chartAdd（ "ControlName"，Value，"label"）：此函数用于在指定的棒图控件中增加一个新的条形图。

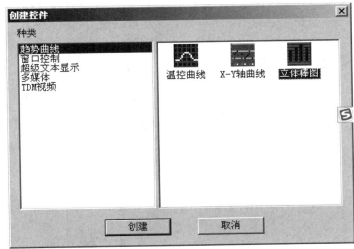

图 7-18　创建立体棒图控件

chartClear（ "ControlName"）：此函数用于在指定的棒图控件中清除所有的棒形图。

chartSetBarColor（ "ControlName"，barIndex，colorIndex）：此函数用于在指定的棒图控件中设置条形图的颜色。

chartSetValue（ "ControlName"，Index，Value）：此函数用于在指定的棒图控件中设定/修改索引值为 Index 的条形图的数据。

在使用上述函数过程中，主要要避免以下两个错误：

1）chartSetValue（ "ControlName"，Index，Value）中的 Index 是从 0 开始的；而且，加载命令语言应该在所属的页面上而不是在工程浏览器中。

2）chartAdd（ "ControlName"，Value，"label"）函数一般只执行一次，有些用户将它

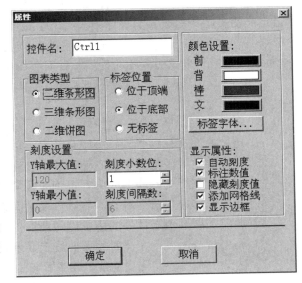

图 7-19　立体棒图控件"属性"对话框

放到"组态王"程序命令语言的"运行时"，这样这个棒图控件就会不断地添加棒图，而不是棒图的值实时更新。当然您也可以通过设定条件，在运行时只加载一次，只是这样的操作会相对较为烦琐。

下面举一个例子，将变量"测试"放入到棒图名为"棒图 1"的控件中取别名为"棒图测试"，并进行实时更新。

可以在画面上单击右键，在弹出的快捷菜单中选择"画面属性"命令，在弹出的"画面属性"对话框中选择"命令语言"按钮，单击"显示时"标签进入"显示时"选项卡，在命令语言编辑器中，添加如下程序：

chartAdd（ "棒图 1"，\\本站点\测试，"棒图测试"）；

在画面命令语言编辑器的"存在时"选项卡中，输入如下程序：

chartSetValue("棒图 1", 0, \\本站点\原料罐温度)；

当画面中的棒图不再需要时，可以使用 chartClear（）函数清除当前的棒图。

7.5　其他曲线控件

"组态王"中还内置了大量的其他控件用于图形的显示，用户可能会用到的有"温控曲线"和"X-Y 曲线"，这两个曲线控件都在"组态王"的官方示例 demo 中可以找到应用。此外，还有一个"超级 X-Y 曲线"，它是"X-Y 曲线"的增强版，功能十分强大，之前描述的三种历史曲线、实时曲线都是只有一个 X 轴和一个 Y 轴，而"超级 X-Y 曲线"可以支持多条 Y 轴显示，最多可设置 16 条曲线，适合于做多段的曲线，另外该控件还支持曲线的导入/导出。限于篇幅，这里不再进行展开介绍，更多内容请查阅"组态王"的相关文档。

本 章 小 结

本章重点介绍了实时趋势曲线的设置，三种不同类型的历史趋势曲线的使用，特别是在"自定义历史趋势曲线"的设计中，给出了相关的实例，对其中一些常用的函数进行了运用，并将相关的函数介绍给读者，方便读者进行拓展应用。之后又介绍了工业应用中的棒图控件，并通过一个例子来说明棒图的使用，针对棒图中容易产生的两个错误进行了总结。

习 题

1. 历史曲线有几种类型？分别是什么？请简述之。
2. 棒图的主要函数有哪些？使用场合和注意事项分别是什么？
3. 试分析在历史趋势曲线中看不到曲线的可能原因。
4. 如何根据起始日期时间、终止日期时间查询历史趋势曲线？
5. 如何利用通用控件中的历史趋势曲线作为实时曲线使用？
6. 利用命令语言，在实时数据曲线上显示正弦波波形。
7. 建立一个自定义历史曲线，要求具备数据左移、右移、滑动杆拖动的功能，并能够在该曲线上取得滑动杆所对应的 X 轴和 Y 轴的值，并加以显示。

 阅读资料

曲线显示

曲线是人们日常生活中获取信息的一种重要方式，尤其是在数据分析及信号处理等领域仍占有重要地位。它可以把一些对比性强的数字、叙述冗长的机理以及实验分析结果等一目了然地显示出来，以帮助人们在较短的时间内，获取更多的信息。一般而言，在工业监控中曲线包括实时曲线和历史曲线，利用曲线的形式可以对当前或者历史的数据进行直观地描述，从中可以看到数据的变化趋势，对研究系统的工作状态和系统的故障诊断有重要的意义。

针对实时或者历史曲线功能，很多人员都做过类似的开发，笔者以自己的经历来谈谈对曲线开发的认识。一般而言，此类开发通常有以下几种方式（以 C++ Builder 为例）：

1．利用点、线来实现

这是最直接的方式，也是最复杂的方式。用户一般需要选择在 Canvas 画布控件中进行操作，使用 Canvas 对象可以设置用于绘制线条的画笔、用于填充图形的画刷、用于写文本的字体以及用于显示图像的像素数组等的属性。

例如，需要绘制两条曲线，一条代表环境温度，一条代表环境湿度。温度用红色实线表示，湿度用蓝色虚线表示。那么需要对 Canvas 画布中画笔的属性进行设置，也需要对画布的 Pen 属性控制线条出现的方式，包括用来绘制形状外框的线条进行设置。画笔本身有 4 个可更改的属性：Color、Width、Style 和 Mode。Color 属性：更改画笔的颜色；Width 属性：更改画笔的宽度；Style 属性：更改画笔的样式；Mode 属性：更改画笔的模式。

蓝色虚线可以通过下述代码进行设置：

Form1->Canvas->Pen->Color = clBlue;

Form1->Canvas->Pen->Style = psDash;

设置完曲线的画笔属性后可以开始绘制图形，由于两点决定一条直线，因此绘制一条直线只不过是更改两个点间的一组像素值。其过程如下：

Form1->Canvas->MoveTo(X1,Y1);

Form1->Canvas->LineTo(X2,Y2);

如此就可以绘制一条起点为（X1，Y1），终点为（X2，Y2））的线段，通过获取多个点的位置坐标，就可以将这些线段串接起来，形成所期望的曲线（折线）。但是，对于要形成"组态王"类似的曲线，还需要解决如下问题：

1）每次实际数据与坐标点的换算。

2）如果曲线进行移动，要解决曲线的重绘问题。

3）实际曲线闪烁，以及绘图效率的问题。

4）其他辅助功能，如统计、鼠标取值等功能。

尽管上述绘制线段很简单，但要将之变成实际可以使用的同"组态王"功能类似的曲线，还有大量的工作需要进行，整个工作量较为庞大。

2．利用曲线的控件来实现

在曲线设计上，好多编程软件都提供了曲线控件，如 VB(VC) 上广泛使用的 Mschart，其他还有如 Plotline、Zedgraph、ST_Curve 等曲线控件，这里继续以 C++ Builer 为例，采用其中最常用的曲线控件 TChart 来简要说明（TChart 也可以在 Delphi、VC 等语言中使用）。

TChart 作为 BCB 中一个标准的图形显示控件，可以绘制二维或者三维的图形，下面以笔者利用 C++ Builer 并结合 TChart 所做的高速采集曲线图形来做一简单的介绍。

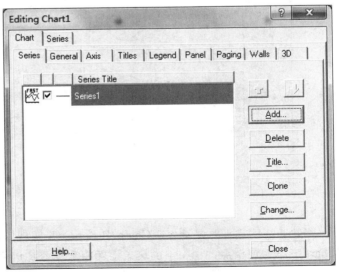

图 7-20　TChart 属性设置对话框

选择 Additional 选项卡找到 Chart 按钮在窗口合适的位置插入 TChart 控件，双击该控件可以进行基本参数的设置，如图 7-20 所示。

本例中需要增加 12 条曲线，此处已经添加了一条曲线。继续单击对话框中的"Add"按钮，会出现如图 7-21 所示的界面。

TChart 中支持多种曲线类型，这里为了更快的显示效率选择 Fast Line，同时取消图 7-21 中 3D 的复选框勾选项。

我们还能对图的纵横坐标进行设置，包括坐标的大小以及标题，也可以对曲线的颜色、线条类型等进行设置，设置完之后如图 7-22 所示。上述设置的过程也可以通过代码实现。

图 7-21　TChart 曲线类型选择

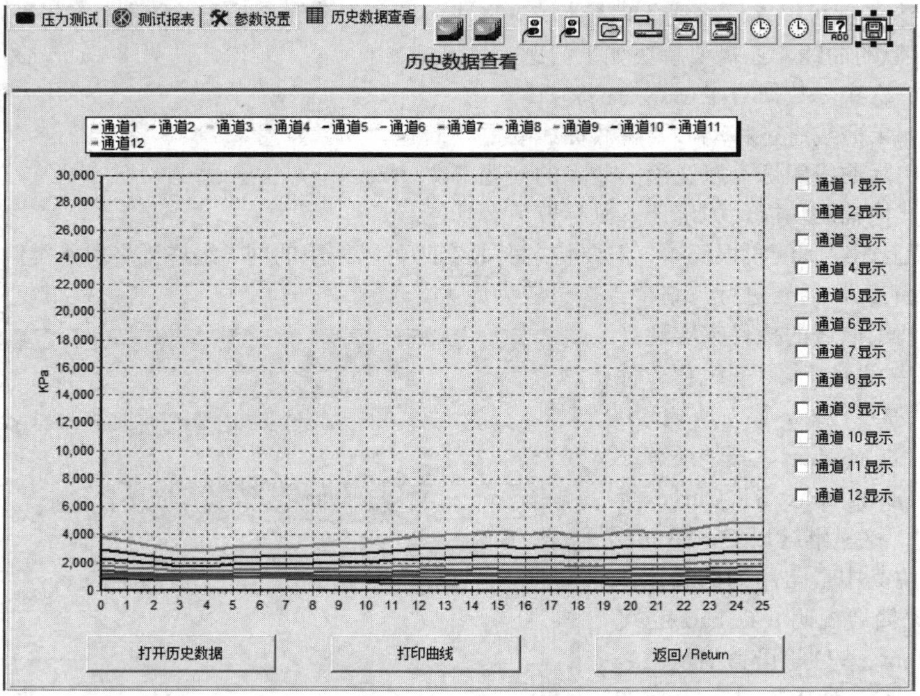

图 7-22　曲线添加后界面

此处曲线的添加都是通过 TChart 中 Series 来实现的。在 TChart 绘制图表实际上就是向 TChart 中添加数据点，利用下面这条语句将数据添加进来。

ChartX->Series[X]->AddXY（X 轴坐标，Y 轴坐标）

当然作为一个比较完整的程序，还需要其他部分的配合，如打开历史数据，首先明确上述中使用了哪些通道，不需要的通道没必要激活使用，可以将不使用通道的 Series 设置为无效。X 轴的坐标和 Y 轴的坐标可以由数据中获取，也可以在其中进行一些适当的计算。在数据量庞大的时候，还可以考虑采用多线程绘制，这样用户看到完整数据的时间将会大大缩短。

程序运行，打开历史曲线后如图 7-23 所示。

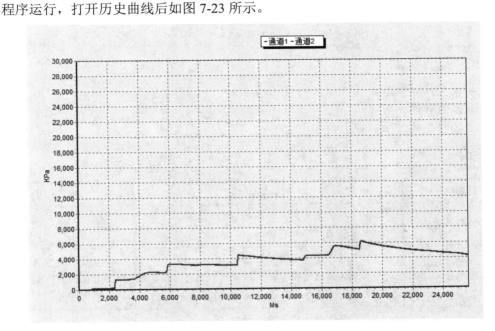

图 7-23　加载历史曲线后的界面

本阅读材料仅仅以 C++ Builder 为例，探讨了利用曲线控件实现历史数据的可能性，这里面所涉及的数据存储的方式限于篇幅未进行展开，用户可以根据需要采用成熟的数据库形式，或者直接利用文本数据库来进行。

其他编程语言的实现方式略有不同，但主体思路类似。总而言之，采用编程语言实现方式较为灵活，界面上也可以做得比较有特色，对大批量产品应用，价格有一定的优势。但总体工作量大，细节性问题多，稳定性主要取决于程序员本身的水平和所编程序的质量，相对风险较大。

第8章 安全与报表

教学目标

☞ 掌握用户管理的方法
☞ 掌握报警的设置方法
☞ 掌握报表的基本设置方法

教学要求

知识要点	能力要求	相关知识
组态王的用户管理	（1）了解组态王用户管理的概念 （2）掌握用户管理的方法	安全区
组态王的报警	（1）了解组态王报警的概念 （2）掌握离散量报警产生的几种状态 （3）掌握模拟量报警的类型及其应用	1状态报警、0状态报警、状态变化报警；越限报警、偏差报警和变化率报警
组态王的报表	（1）了解组态王报表的概念 （2）熟悉报表中单元格设置的常用函数 （3）掌握实时报表和历史报表的设计方法	变量

引例

2013 年 8 月 16 日 11 点 05 分上证指数出现大幅拉升大盘 1 分钟内涨超 5%，最高涨幅 5.62%，指数最高报 2198.85 点，盘中逼近 2200 点。11 点 44 分上交所称系统运行正常。下午 2 点，光大证券公告称策略投资部门自营业务在使用其独立的套利系统时出现问题。8 月 18 日，证监会通报光大证券交易异常的应急处置和初步核查情况，并立案调查。8 月 18 日下午，光大证券公布自查报告。这是 2013 年金融行业有名的 "8·16 光大证券乌龙指事件"。

从技术角度来看，策略投资部门使用的套利策略系统出现了问题，该系统包含订单生成系统和订单执行系统两个部分。核查中发现，订单执行系统针对高频交易在市价委托时，对可用资金额度未能进行有效校验控制，而订单生成系统存在的缺陷，会导致特定情况下生成预期外的订单。

由于订单生成系统存在的缺陷，导致在 11 时 05 分 08 秒之后的 2 秒内，瞬间重复生成 26082 笔预期外的市价委托订单；由于订单执行系统存在的缺陷，上述预期外的巨量市价委托订单被直接发送至交易所。

问题出自系统的订单重下功能，具体错误是：11 点 02 分时，第三次 180ETF 套利下单，交易员发现有 24 个个股申报不成功，就想使用 "重下" 的新功能，于是程序员在旁边指导着操作了一番，没想到这个功能没实盘验证过，程序把买入 24 个成分股，写成了买入 24 组 180ETF 成分股，结果生成巨量订单。

　　由此可以看到，缺乏必要的安全管理、风险机制会导致意想不到的问题。金融证券上可能如此，那么在工业控制中是否也需要安全管理呢？显而易见，这些都是必须的，工业中很多情况涉及人身财产的安全，稍有不当就会酿成苦果。

8.1　概述

　　"安全"这个词在日常生活中随处可见。为了使某事物得到有力保障，人们往往会设置各种安全保护措施。在应用系统中，安全保护亦是一个不可忽视的问题，对于可能有不同类型的用户共同使用的大型复杂应用，必须解决好授权与安全性的问题，系统必须能够依据用户的使用权限允许或禁止其对系统进行操作。如果没有这些措施，那么应用系统就会存在漏洞，若涉及某些重要事项，则后果不堪设想。

　　为保证工业现场安全生产，通常现场会分不同的用户类型，这些用户具备不同的权限，进而保证生产的有序进行，同时相应的报警和事件也是必不可少的。"组态王"提供了强有力的报警和事件系统，操作方法也很简单。

　　数据报表则是反映生产过程中的数据、状态等，并对数据进行记录的一种重要形式，是生产过程必不可少的一个部分。它既能反映系统实时的生产情况，也能对长期的生产过程进行统计、分析，使管理人员能够实时掌握和分析生产情况。

8.2　用户管理

　　例如，工程要求工人 a 只能对 A 车间的对象和数据进行操作，工人 b 只能对 B 车间的对象和数据进行操作，而工程师 c 对 A 车间和 B 车间的对象和数据都可以进行操作，这就是权限的不同，对应的在"组态王"中的处理机制是安全区，这里面 A 车间就对应一个安全区，B 车间也是一个安全区。

　　"组态王"支持 64 个安全区。安全区的操作和用户密切相关。"组态王"中可根据工程管理的需要将用户分成若干个组来管理，即用户组。

　　在组态王工程浏览器目录显示区中，用鼠标双击大纲项"系统配置"下的"用户配置"节点，或从工程浏览器的顶部工具栏中单击"用户"按钮，弹出"用户和安全区配置"对话框，如图 8-1 所示。

　　系统默认配置了一个"系统管理员"用户组，这个用户具备所有的权限。您可在此根目录下新建用户或者用户组。在用户多的时候，为管理方便，推荐使用用户组进行管理。

　　在图 8-2 所示的"定义用

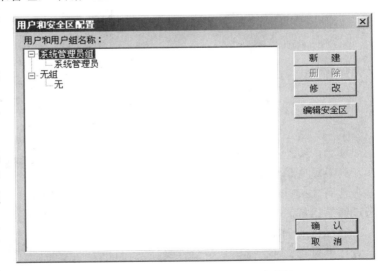

图 8-1　"用户和安全区配置"对话框

户组和用户"对话框中，如果要进行用户权限的定义，需要对哪些安全区进行操作，只需要勾选相应的安全区就可以了。

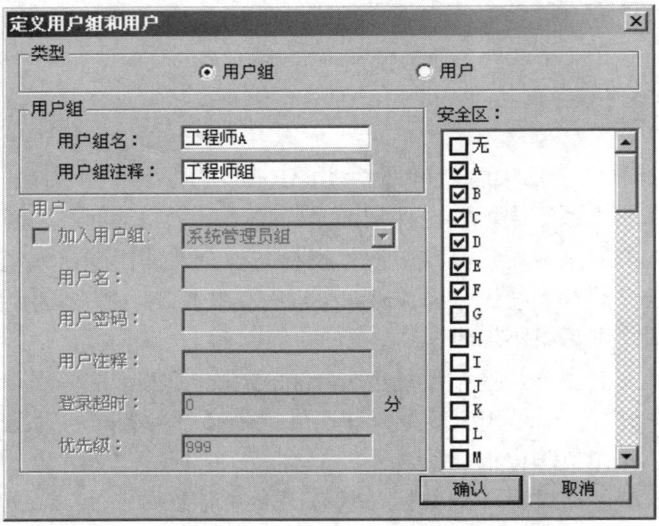

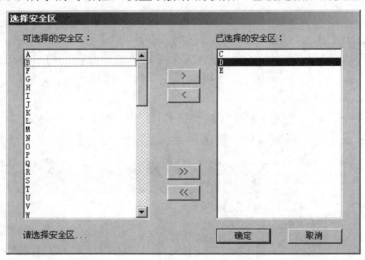

图 8-2　"定义用户组和用户"对话框

在使用的时候，只需要在"动画连接"对话框中，单击"安全区"后的"…"按钮选择安全区，弹出图 8-3 所示的对话框，设置该操作的权限，也就是相应的安全区。

图 8-3　"选择安全区"对话框

那么，怎么让不同权限的用户登录呢？这就涉及第 6 章中讲到的 LogOn()函数。在运行后，单击含有 LogOn()函数的按钮，会弹出如图 8-4 所示的对话框。

选择相应的用户名，并输入相应的口令即可完成登录过程，那么该用户就能在其所具备的安全区内进行操作了。

图 8-4　"登录"对话框

8.3　报警

报警是指当系统中某些量的值超过了所规定的界限时，系统自动产生相应警告信息，表明该量的值已经超限，提醒操作人员。

"组态王"支持模拟量和离散量的报警。

离散量的报警较为简单，离散量有两种状态：1、0。离散型变量的报警有三种状态：

1）1 状态报警：变量的值由 0 变为 1 时产生报警。

2）0 状态报警：变量的值由 1 变为 0 时产生报警。

3）状态变化报警：变量的值由 0 变为 1 或由 1 变为 0 时都产生报警。

离散量的报警属性在离散变量定义时由"报警定义"选项卡中确定，如图 8-5 所示。

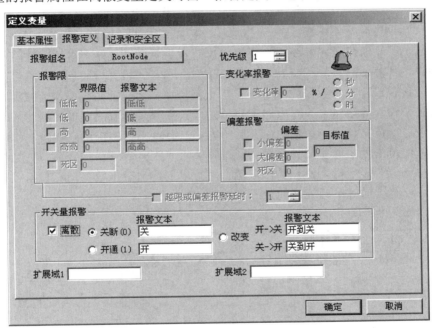

图 8-5　离散量报警定义

在"开关量报警"选项组内选择"离散"复选框，三种类型的单选项变为有效。定义时，三种报警类型只能选择一种。选择完成后，在报警文本中输入不多于 15 个字符的类型说明。

模拟量则要相对复杂，模拟型变量的报警类型主要有三种：越限报警、偏差报警和变化率报警。对于越限报警和偏差报警可以定义报警延时和报警死区。

越限报警是模拟量的值在跨越规定的高低报警限时产生的报警。越限报警的报警限共有四个：低低限、低限、高限、高高限，完全根据当前监控的值与报警限的值进行比较得出。越限报警原理如图 8-6 所示。

对于一个固定的应用，根据要求，越限报警的类型可以是其中一种、任意几种或全部类型。

变化率是指变化的值对其时间求导数，换句话说，可以理解为变化值与时间的比值。偏差报警是一个相对值，是指当前值与设定的值之间的偏差。上述概念更为详细的说明，请参考自动控制相关的文献。

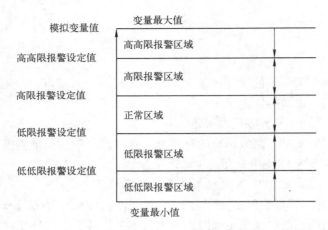

图 8-6　越限报警原理图

如何将这些报警的情况体现在画面上呢？"组态王"中是由"报警窗口"来实现的。报警窗口分为两类：实时报警窗和历史报警窗。实时报警窗主要显示当前系统中存在的符合报警窗显示配置条件的实时报警信息和报警确认信息，当某一报警恢复后，不再在实时报警窗中显示。实时报警窗不显示系统中的事件。历史报警窗显示当前系统中符合报警窗显示配置条件的所有报警和事件信息。报警窗口中显示的最大报警条数取决于报警缓冲区的设置。

报警记录还支持文件输出和数据库存储的方式，有利于存档排查问题。

在工具箱中单击"报警窗口"按钮，或选择菜单"工具"→"报警窗口"命令，利用鼠标拖拽可以得到一个矩形框，松开鼠标左键，就可以创建一个报警窗口。如果要调整报警窗口的大小，可以继续通过鼠标拖拽的方式来实现。

报警窗口如图 8-7 所示。

事件日期	事件时间	报警日期	报警时间	变量名	报警类型	报警值/

报警的数目：0　　　新报警出现的位置：前面　　　滚动

图 8-7　报警窗口

双击该报警窗口，可以得到如图 8-8 所示的"报警窗口配置属性页"对话框。

"通用属性"选项卡中，首先要定义报警窗口的名称，这个名称也将在工程浏览器的数据词典里面出现。然后要确定当前报警窗是哪一种类型：如果选择"实时报警窗"单选按钮，则当前窗口将成为实时报警窗；如果选择"历史报警窗"单选按钮，则当前窗口将成为历史报警窗。其他选项按照一般的理解配置即可。

"列属性"选项卡中，主要配置报警窗口究竟显示哪些列，以及这些列的顺序，需要的可以选入，不需要的可以选出。其中"已选择的列"将在报警窗口中显示，上下移则决定报警信息出现的顺序。

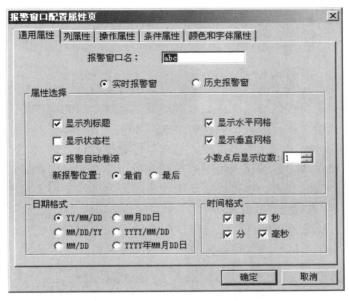

图 8-8　报警窗口配置属性页——"通用属性"选项卡

　　"操作属性"选项卡中，"操作安全区"用于配置报警窗口在运行系统中的操作权限；"允许报警确认"是指系统运行时，允许通过图标等操作方式对报警进行确认；"显示工具条"是指开发和运行中在报警窗顶部显示快捷按钮，并允许用户在系统运行时通过图标操作报警窗；"允许双击左键"是指系统运行时，允许在某一报警条上双击左键执行预置自定义函数功能。

　　"条件属性"选项卡中，会对一些报警的条件进行选择，如图 8-9 所示，默认全选。

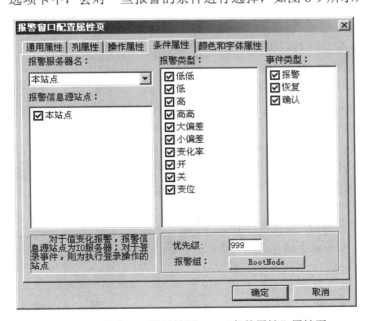

图 8-9　报警窗口配置属性页——"条件属性"属性页

　　如果报警窗配置中选择了"显示工具条"和"显示状态栏"选项，则报警窗运行时还能执行确认报警、报警窗暂停/恢复滚动、更改报警类型、更改事件类型、更改优先级、更改报警组、更改报警信息源等操作。

8.4　报表

数据报表是对生产过程中的数据、状态信息等进行反映，并对数据进行记录的一种重要形式，是生产过程必不可少的一个部分。它既能反映系统实时的生产情况，也能对长期的生产过程进行统计、分析，使管理人员能够实时掌握和分析生产情况。

"组态王"提供内嵌式报表系统，工程人员可以任意设置报表格式，对报表进行组态。"组态王"为工程人员提供了丰富的报表函数，实现各种运算、数据转换、统计分析、报表打印等功能。既可以制作实时报表，也可以制作历史报表。另外，工程人员还可以制作各种报表模板，实现多次使用，以免重复工作。

创建报表的过程比较简单，在"组态王"工具箱中，单击"报表窗口"按钮，在画面上合适位置拖拽出一个矩形区域，就可以完成报表窗口的添加，如图8-10所示。

	A	B	C	D	E
1					
2					
3					
4					
5					

图8-10　报表窗口

双击报表窗口的灰色部分（表格单元格区域外没有单元格的部分），弹出"报表设计"对话框，如图8-11所示。

先给报表取名，然后根据要统计的信息确定报表的行数和列数。一般报表打印的时候，通常会有一个标题，称为报表条。

可以选择报表的一行，然后右击选择合并单元格，如同操作 Excel 一样，输入你想要的标题，并输入相应的文字以及设置文字的格式。一个报表最重要的当然是数据，那么怎么添加数据呢？当在画面中选中报表窗口时，会自动弹出报表工具箱；不选择时，报表工具箱自动消失。报表工具箱如图8-12所示。

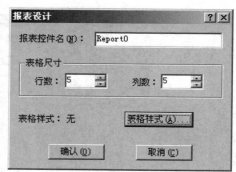

图8-11　"报表设计"对话框

接下来就可以在报表工具箱的帮助下来添加数据了。选中并双击该单元格，然后输入"=Date（$年，$月，$日）"，并设置相应的单元格格式，那么就可以得到系统的时间了。类似地，可以在报表的单元格中直接

图8-12　报表工具箱

输入"=变量名"，即可在运行时在该单元格中显示该变量的数值，当变量的数值发生变化时，单元格中显示的数值也会实时刷新。

如果单元格中显示的数值来自于不同的变量，或值的类型不固定时，最好使用单元格设置函数。当然，显示同一个变量的值也可以使用这种方法。单元格设置函数有：ReportSetCellValue（）用于设置单个单元格数值，ReportSetCellString（）用于设置单个单元格文本，ReportSetCellValue2（）用于设置多个单元格数值，ReportSetCellString2（）用于设置多个单元格文本。

比如，ReportSetCellValue（ReportName，Row，Col，Value），其中，ReportName 是报表的名称，Row 是要设置数值的报表的行号（可用变量代替），Col 是要设置数值的报表的列号（可用变量代替），Value 是要设置的数值。这个函数有返回值，返回值为 0 表示成功，1 表示行列数小于等于 0，2 表示报表名称错误。

例如，设置报表"实时数据报表"的第 2 行第 4 列为变量"压力"的值，并且返回设置是否成功的提示——"实数设置结果"（组态王变量），如果设置成功，就可以在数据改变命令语言中输入：

实数设置结果=ReportSetCellValue（"实时数据报表"，2，4，压力）；

其他几个函数类似。

利用上述方法就可以完成实时报表的制作了。

相对于实时报表，历史报表显得更为重要，如熟知的班报、日报、月报、年报实际上都是历史报表。历史报表记录了以往的生产记录数据，历史报表的制作根据所需数据的不同有不同的制作方法，这里介绍两种常用的方法。

例如，对锅炉监控系统，拟设计一个出口热水温度报表，该报表为 8 小时生成一个（类似于班报），要记录每小时最后一刻的数据作为历史数据。

对于这个报表就可以采用向单元格中定时刷新数据的方法来实现。报表的样式与实时报表一致，按照规定的时间，在不同的小时里，将变量的值定时用单元格设置函数如 ReportSetCellValue（）设置到不同的单元格中，这时，报表单元格中的数据会自动刷新，而带有函数的单元格也会自动计算结果，当到换班时，保存当前添有数据的报表为报表文件，从而完成班报的设计。这样就好比是操作员每小时在记录表上记录一次现场数据，当换班后，由下一班在新的记录表上开始记录一样。

可以另外创建一个报表窗口，在运行时，调用这些保存的报表，查看以前的记录，实现历史数据报表的查询。

本 章 小 结

安全是工业生产最基本的要求，本章从两个方面来介绍了"组态王"对安全的处理，首先介绍了用户管理，对不同的用户分配不同的权限，可以有效地避免一些越权操作；然后介绍了报警，报警可以分为不同类型、不同级别，并对报警的设置进行了描述。

接下来对组态王报表的基本设置进行了介绍，分别就如何设计实时报表和历史报表进行了说明。

习　　题

1. 什么是"组态王"的安全区和用户组？

2. 在"组态王"中如何定义操作优先级和安全区？

3. "组态王"中的报警是什么意思？有哪些报警形式？

4. 试阐述越限报警的报警限及原理。

5. 如何查询历史报警？

6. 如何计算变化率报警？

7. 请为一个工程整个进行加密。

8. 如何利用组态王报表来实现数据统计。

9. 添加三种不同级别的人员，分别命名为管理员、工程师、操作员。在画面中放置两个变量，并为它们配置三种权限模拟量输入的动画，要求操作员只能查看这两个数据，不能对变量进行更改；工程师可以对第一个变量进行更改，不能对第二个变量进行更改；管理员则可以对所有数据进行查看和更改。

 阅读资料

上一章所讲的"实时趋势曲线"和"历史趋势曲线"可以使用户很直观地看到数据变化的趋势，本章所讲的"报表"又为企业对现场生产数据进行记录、统计、分析，以及决策者提高管理水平提供了可能。本章主要介绍了"组态王"提供的数据报表的功能。这里再简要介绍一些国内外常用的其他报表工具以供参考。

水晶报表（Crystal Report）：这个报表名气很大，国内市场报表工具的鼻祖就是水晶报表，从 1988 年开始开发，1993 年随着微软的 VB 一起发行，随着 VB 的流行，它几乎在一夜之间成为报表软件业的标准。水晶报表是一款商务智能（BI）软件，主要用于报表的设计制作。水晶报表除了强大的报表功能外，最大的优势是实现了与绝大多数流行开发工具的集成和接口。

JReport：2000 年初作为水晶报表工具的 Java 版本 JReport 面世。JReport 报表设计器（JReport Designer）是一个 100%基于 Java Swing 的报表设计工具。不论用户所使用的是何种操作系统，以及硬件配置如何，它都有助于进行快速报表开发、精确排版、灵活输出。JReport Designer 为报表设计者提供了一个非常灵活的报表开发环境，使他们能够在任何网页应用程序中，设计并发送报表，并且无需编码及进行集中资源维护。JReport Designer 提供了许多能加速报表设计及配置过程的特性和功能。

Style Report：几乎也是在 2000 年，采取创新方式学习 Crystal Report 的 Style Report 进入市场，虽然比 JReport 稍稍晚几个月，却在一段时间内风头盖过了前两者。此后 Style Report 专注于企业级报表应用，优点是报表展现精美、功能强大。

润乾：打破国外报表三足鼎立局面的主要代表之一。润乾报表是一个纯 Java 的企业级报表工具，支持对 J2EE 系统的嵌入式部署，无缝集成。服务器端支持各种常见的操作系统，支持各种常见的关系数据库和各类 J2EE 的应用服务器；客户端采用标准纯 HTML 方式展现，支持 IE 和 Netscape。润乾报表提供了高效的报表设计方案、强大的报表展现能力、灵活的部署机制，支持强关联语义模型，并且具备强有力的填报功能和 OLAP 分析，为企业级数据分析与商务智能提供了高性能、高效率的报表系统解决方案。润乾报表软件开创性地提出了非线性报表模型、强关联语义模型等先进技术，提供了灵活而强大的报表设计方式和分析功能，使用户不需要掌握复杂的专业开发技能，就可以直接基于业务术语，随时按自己的需要直接完成各种复杂报表的制作和数据分析，真正实现企业报表分析的随需而动。

FineReport：打破国外报表三足鼎立局面的又一主要代表。FineReport 报表软件是一款纯

Java 编写的企业级 Web 报表软件工具。它能够全面支持主流的 B/S 架构以及传统的 C/S 架构，部署方式简单而灵活。FineReport 提供了易用且高效率的报表设计方案，采用主流的数据双向扩展，真正无编码形式设计报表；具有强大的报表展示功能，并且提供完善的报表权限管理、报表调度管理。其优点是非常注重产品细节和简易性，非常关注用户需求。但是过于细致的开发，使得有些功能略显多余。

易客报表（ExcelReport）：杭州数新软件技术有限公司开发的基于 Java 平台的报表工具产品，采用 Excel 的习惯来制作报表，功能强大、性能优异，且易学易用。ExcelReport 提供了丰富的图表，支持 B/S、C/S 二次开发，实现了无缝集成到业务系统中。

ActiveReports：一款在全球范围内应用非常广泛的报表控件，以提供.NET 报表所需的全部报表设计功能领先于同类报表控件，包括对交互式报表的强大支持、丰富的数据可视化手段、与 Visual Studio 的完美集成，以及对 WPF/WinForm/ASP.NET/Silverlight 和 Windows Azure 的多平台支持等。通过 ActiveReports 报表控件，用户除了可以创建常用的子报表、交叉报表、分组报表、分栏报表、主从报表等商业报表外，还可以创建具备数据筛选、数据过滤、数据钻取、报表互链等交互能力的数据分析报表，并把数据以可视化的方式呈现出来，快速为应用程序添加强大的报表功能。它的版权更为宽松，部署使用时无需支付控件版权费用，所以深受开发者的青睐。从早期支持 VB 的 ActiveReports 2.0 的 COM 版到现在完全采用.NET 开发的 ActiveReports 7.0，可在各种管理信息系统、ERP 系统、进销存软件、财务软件等应用程序中生成各种报表，十多年来一直荣获应用程序的最佳报表生成工具软件。

介绍了这么多报表工具，可否分一下类，如适合企业的，和工控系统能够对接的；适合财务、金融的；单机的、联网的等。分类介绍是否更好一些？

这里报表本身没有行业对象，主要还是跟其语言相关，以 Java 为例，既可以做工业，也可以做商业。

第9章　基本组态项目实训

教学目标

☞ 熟悉"组态王"同西门子 PLC 的连接方法
☞ 掌握"组态王"读外部开关量信号的处理方法
☞ 掌握"组态王"读外部模拟量信号的处理方法
☞ 了解用"组态王"进行 PID 控制的方法

教学要求

知识要点	能力要求	相关知识
开关量的处理	（1）熟悉组态王与西门子 S7-200 的连接 （2）掌握通过绘制画面、添加命令语言等实现对外部 I/O 信号进行可靠控制的方法 （3）能够模拟交通灯的控制，结合组态王的部分函数进行更为复杂的 I/O 状态的处理	变量、图形绘制、动画连接、延时、闪烁
模拟量的处理	（1）熟悉组态王与西门子 S7-200 的连接 （2）掌握组态王对模拟量进行采集和处理的方法	电动机、滤波、变量
基于组态王的算法设计	了解组态王中 PID 控制算法的设计	PID 控制算法

9.1　概述

通过前面章节，我们已经基本了解了"组态王"的使用。在前面的案例中，大多以"组态王"中虚拟的 PLC 为例完成组态，本章将以实际的 PLC 为例，用"组态王"来构建完整的工程。

9.2　案例 1：利用"组态王"处理开关量

9.2.1　设计目的

基于工业控制设备实现生产过程的自动控制，需处理一类最基本的输入/输出信号，如开关的打开与关断、继电器的闭合与开通、指示灯的亮与灭，这些信号都只有两种状态，要么为"0"，要么为"1"，称为数字量（开关量）。数字量的输入/输出是计算机控制中最基础的环节，也是必不可少的环节。本例就通过"组态王"对基于 PLC 的开关信号进行控制。

目的是掌握"组态王"与西门子 S7-200 的连接，并能够通过绘制画面、添加命令语言实现对外部设备的可靠控制。

9.2.2　功能分析

在学习 PLC 或者单片机的时候，一般都是从简单的 I/O 开始的，本例通过 PLC 的两个引脚 I0.0 和 Q0.0 与 I/O 设备进行连接，其中 I0.0 与一个外部按钮相连，Q0.0 与一个指示灯相连。由于接线比较简单，这里就不再绘制接线图了。

要求：

1）在监控计算机画面中放置文字，能够指示出当前外部按钮和指示灯的状态；

2）在监控计算机画面中放置一个按钮 B，通过屏幕按钮可以控制指示灯的亮、灭；

3）在监控计算机画面中放置一个指示灯图形，要求该指示灯的状态与实际指示灯保持同步。

9.2.3　系统设计

系统结构较为简单，在组态软件中所需要处理的内容包括：

1）建立设备连接。

2）定义变量。

3）绘制图形，并建立动画连接。

本例所选用的是西门子 S7-200 系列中的 CPU224CN 机型，具有 14 个数字量输入，10 个数字量输出，完全满足需求。实验中未涉及多机操作，PLC 通过 PPI 线缆与监控计算机进行连接。

1. 建立设备连接

在组态王的工程浏览器中，从左边的工程目录显示区中选择大纲项"设备"下的成员名"COM1"，然后在右边的目录内容显示区中双击"新建"图标，弹出"设备配置向导"对话框。该对话框显示了能与组态王进行通信的所有设备，本例为西门子设备，因此，在对话框中进行如下操作：设备向导→PLC→西门子→S7-200 系列→PPI，完成与 PLC 的通信方式配置，如图 9-1 所示。

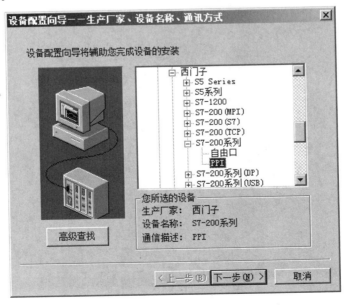

图 9-1　配置 S7-200 PLC 的 PPI 连接方式

西门子 PLC 的连接方式很多，以 S7-200 系列为例，就有 PPI、MPI、TCP、Profibus DP、USB 等，如本书在第 3 章讲变量和设备的时候介绍的就是 TCP 通信模式，读者可以根据实际的情况加以选择。单击"下一步"按钮给 PLC 取一个名称，本例取名为 PLC200；继续单击"下一步"按钮，本例采用串口通信，设置串口号如图 9-2 所示。

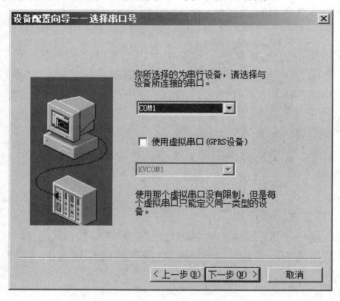

图 9-2　为 PLC 设置串口号

"组态王"提供最多 128 个串口，本例选择 COM1。注意，该串口号一定要与监控计算机的串口对应。继续单击"下一步"按钮设置地址，如图 9-3 所示，组态王的设备地址要与 PLC 的 PORT 口设置一致，PLC 默认地址为 2，这里将其地址也设置为 2。

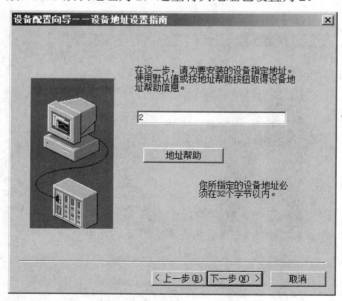

图 9-3　设置 PLC 设备地址

然后再为其设置通信故障恢复的一些选项，继续单击"下一步"按钮就可以完成 PPI 的配置了。在配置完了 I/O 设备后，如欲知该设备是否正常，可以通过测试功能来实现，只需要对设置的设备右击，再单击"测试 PLC200（PLC200 是刚才建立 PPI 连接中 PLC 的名称）"命令，弹出"串口设备测试"对话框，选择"设备测试"选项卡，如果通信设备异常，会弹出图 9-4 所示的对话框。

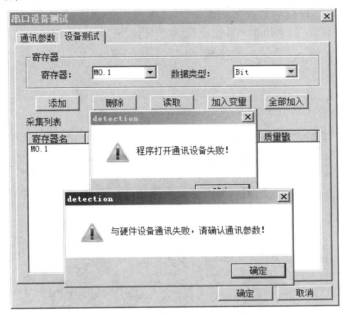

图 9-4　测试 PLC 连接情况

造成这个错误的最典型原因就是 PPI 线缆没有接好，还有一个原因可能是 PPI 上设置的波特率不对。PPI 线缆上有拨码开关，可以对地址进行设置，为了让两者通信正常，务必要保持波特率一致。

建议的通信参数：波特率为 9600，数据位为 8 位，停止位为 1 位，校验方式为偶校验。默认设置就是该设置，如果想更改，可以直接双击"COM1"在弹出的"设置串口"对话框进行设置，如图 9-5 所示。

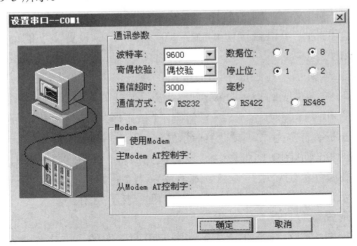

图 9-5　设置串口参数

当然一般建议还是采用默认值。

2．设计变量

对于本例，所涉及的信号包括 PLC 的输入信号 I0.0，以及由 PLC 输出的信号 Q0.0，组态王可以支持上述两寄存器。对于"I 寄存器"，在"组态王"中是"只读"的；而"Q 寄存器"，在"组态王"中则可以进行"读写"。因此可以直接建立两个"I/O 离散变量"，一个命名为"开关"，关联到设备的 I0.0，属性设置为"只读"；另一个命名为"指示灯"，关联到设备的 Q0.0，属性设置为"读写"。采集频率均设置为 100 毫秒。这些都可在"数据词典"→新建变量中完成。

3．画面设计

拟设计的画面如图 9-6 所示。

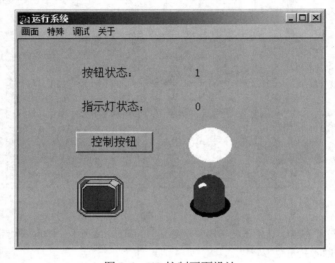

图 9-6　I/O 控制画面设计

这里放置了几种形式：文字、图形和按钮、图库精灵。读者可以进行比较。

（1）文字形式

如图 9-6 中上面两行所示，在画面中添加文字，从工具箱的"文字"按钮进行操作，需更改文字时，只需选中该文字，右键选择"字符串替换"即可。考虑到按钮仅有两种状态，即开与关，简单处理的话，可以直接使其输出"0"和"1"，设置文字的动画连接。

（2）图形和按钮形式

如图 9-6 中第三行所示，在画面中添加按钮，双击进入到"动画连接"对话框。根据要求，按钮在按下的时候，对应的指示灯被点亮；按钮弹开的时候，对应的指示灯熄灭。那么就可以在"按下时"和"弹起时"分别编写代码。"按下时"的命令语言为"\\本站点\指示灯=1；"，"弹起时"的命令语言为"\\本站点\指示灯=0；"。

对于按钮右侧的椭圆形图案，可以为其设置填充属性，如图 9-7 所示。"表达式"设置为"指示灯"变量，"刷属性"需要用户设置。本例中，当"指示灯"值为"1"时，填充为红色，表示开启；当"指示灯"值为"0"时，填充为白色，表示关闭。

（3）图库精灵形式

图 9-6 中第四行的按钮与指示灯是从系统图库里面选取的，按快捷键<F2>可直接进入图库。这两个图库对象本身就配置了动画连接，以按钮为例，设置对话框如图 9-8 所示。

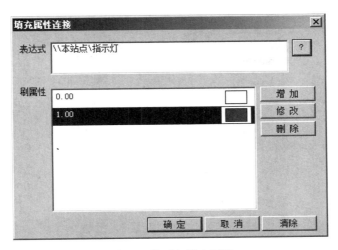

图 9-7　指示灯填充属性

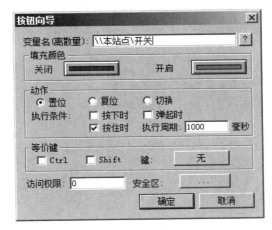

图 9-8　图库中按钮参数设置

　　该图库精灵按钮一方面能作为普通按钮接受输入动作，另一方面又可以显示按钮是否按下的状态。然而"组态王"中动画连接只能够跟单一变量关联绑定，与 PLC 输入变量 I0.0 或者输出变量 Q0.0 绑定均不合适，因此，需要引入中间变量 M，在 PLC 中编写相应的代码进行配合，外面 I0.0 的值读到 M 变量中，再通过 M 变量来控制 Q0.0 的状态，利用中间状态变量也是在"组态王"与 PLC 进行关联时经常使用的方法。图 9-6 中右侧的指示灯图库精灵对象可以进行类似的设置。

　　☺小贴士：在使用"组态王"图库精灵，特别是包含动画属性的图库对象时，需要特别注意使用条件的限制。

　　上述配置完成之后，就可以保存画面，切换到"VIEW"进入运行模式来实现所要求的功能了。为了让运行的时候能够直接进入到需要的画面，可以采取两种方式来实现：

　　1）在工程浏览器左侧系统配置栏里面双击"设置运行系统"节点，弹出如图 9-9 所示的对话框。

　　在"主画面配置"选项卡中选中需要作为第一页显示的画面，单击"确定"按钮保存。

图 9-9　运行系统设置

2）在命令语言中选择"启动时"，直接在里面输出如下代码：ShowPicture("test")，就会在系统运行的时候，自动显示名为"test"的主画面。

9.3　案例 2：利用 S7-200 模拟交通灯

9.3.1　设计目的

上例中对简单的数字量系统进行了组态设计，在实际应用中很多 I/O 状态还与时间有关，比如"交通灯"。随着我国经济的快速发展，私家车的数量不断增加，使得城市交通拥挤状况越来越严重，提高对城市交通的实时控制刻不容缓。

本例利用 PLC 模拟交通信号灯的控制过程，目的在于结合"组态王"一些函数的操作进行更为复杂的 I/O 状态的处理，加深读者对"组态王"处理开关量的理解。

9.3.2　功能分析

根据交通路口的车流量和过往行人的具体情况，对交通信号灯控制系统进行以下分析：假如南北向、东西向通行时间均为 25 秒，当按下启动按钮时，东西向红灯亮南北向绿灯亮，表示南北向的车可以通行，东西向的车不能通行。根据交通规则，南北向绿灯、黄灯、红灯亮闪的顺序为：首先绿灯亮 22 秒后熄灭，然后黄灯应亮并闪烁 3 秒后熄灭，接着启动红灯亮 22 秒，黄灯亮闪 3 秒，再启动绿灯亮 22 秒，如此不断的循环进行。与南北向亮灯的顺序相对应，东西向的亮灯顺序为：红灯亮 22 秒后熄灭，然后黄灯亮并闪烁 3 秒后熄灭，再启动绿灯亮 22 秒，接着黄灯亮闪 3 秒，又切换到红灯亮 22 秒，如此不断的循环进行。

9.3.3　系统设计

整个系统共 2 路开关量输入（控制程序的启动和停止），6 路开关量输出（东西和南北方向红绿黄 LED 灯）。为了模拟其实时监控的情况，本例选用 PLC 为下位机，以完成数据的传送和控制；选用 PC 作为上位机操作站，利用"组态王"工业控制组态软件构成一个完整的上位机监控系统。在画面中设有启动按钮、停止按钮和东西、南北两个方向的 LED 灯的显示情况，通过鼠标可直接对按钮进行控制，人机界面友好。

1．硬件选型与接线设计

硬件部分主要是选择 S7-200 PLC 和带有十字路口的 LED 面板，硬件接线如图 9-10 所示。

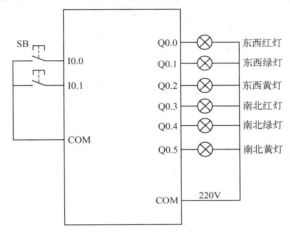

图 9-10　控制系统硬件接线图

2．"组态王"应用软件设计

首先需要为 PLC 建立 PPI 连接，建立过程与案例 1 相同，这里不再重复。接下来是设置变量。

本例需要选择 2 个输入变量和 6 个输出变量，采用的也是中间变量 M，实现启动、停止和监控画面中的红绿黄灯的显示，变量地址分配见表 9-1。

表 9-1　I/O 变量分配表

变量名	设备名	寄存器名	数据类型	采集频率	属性
南北红灯	PLC	Q0.3	I/O 离散	100 毫秒	读写
南北黄灯	PLC	Q0.5	I/O 离散	100 毫秒	读写
南北绿灯	PLC	Q0.4	I/O 离散	100 毫秒	读写
东西红灯	PLC	Q0.0	I/O 离散	100 毫秒	读写
东西黄灯	PLC	Q0.2	I/O 离散	100 毫秒	读写
东西绿灯	PLC	Q0.1	I/O 离散	100 毫秒	读写
启动按钮	PLC	I0.0	I/O 离散	100 毫秒	只读
停止按钮	PLC	I0.1	I/O 离散	100 毫秒	只读
屏幕启动	无	无	内存离散	100 毫秒	读写
屏幕停止	无	无	内存离散	100 毫秒	读写
F1	无	无	内存离散	100 毫秒	读写
F2	无	无	内存离散	100 毫秒	读写
南北黄灯标志	无	无	内存离散	100 毫秒	读写
东西黄灯标志	无	无	内存离散	100 毫秒	读写
T1	虚拟 PLC	INCREA30	I/O 整型	1 秒	只读
T2	虚拟 PLC	INCREA1	I/O 整型	200 毫秒	只读

此处设计虚拟 PLC 的目的就是利用它来产生定时。

所设计的十字交叉路口的控制画面如图 9-11 所示。

图 9-11　十字路口监控画面

在画面的设计中，主要涉及的是中间的红绿黄灯的指示标志，以及右面的启动、停止和结束按钮几个部分。指示灯是用椭圆绘制的，可为红灯、绿灯、黄灯做隐含显示的动画。按钮是用矩形绘制并在上面添加文本形成的，按钮配置为"弹起时"动画。（黄灯不闪这与上面的描述不符）

当按下启动按钮时，交通信号灯开始工作，实现路口的管制；当按下停止按钮时，路口交通信号灯不进行控制；按下结束按钮时，退出模拟画面。

程序流程如图 9-12 所示。

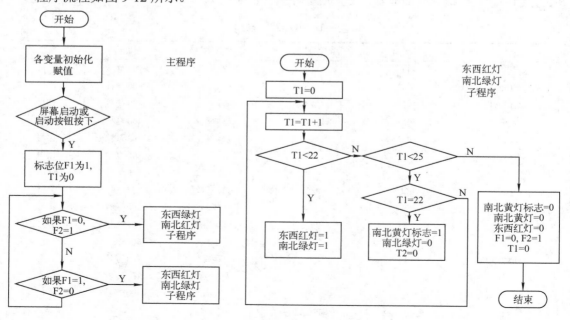

图 9-12　交通灯程序流程图

程序编写的逻辑如下：在程序第一次运行的时候，所有的交通灯都熄灭，所有的标志位都设置为 0。当启动按钮按下后，置位标志"F1"，使其为 1，同时将变量 T1 置为 0，东西红灯置为 1，南北绿灯置为 1。这时候 T1 从 0 开始计时，计时到 T1 的值为 22 时，将"南北黄灯标志"置为 1。这时候 T1 继续增长，增长到 25，此时将"F1"设置为 0，并将"F2"设置为 1，开始南北红灯的进程，过程与上述类似，等到 25 秒后，将"F2"设置为 0，并将"F1"设置为 1，开始下一个循环。

为了让黄灯闪烁，在主进程中检测黄灯的标志。以南北黄灯为例，当"南北黄灯标志"为 1 时，T2 的值为 0 时将 PLC 中"南北黄灯"变量置为 0，T2 值为 1 时将 PLC 中"南北黄灯"变量置为 1，从而实现了闪烁。

为了能够及时地停止，在停止按钮按下时，"F1"和"F2"都设置为 0，并将所有灯都赋值为 0，熄灭。

本例为了说明"组态王"的功能，将主要的函数放置在"组态王"中运行，其实本例的交通灯控制部分的程序也可以放在 PLC 中进行实施，而只是采用"组态王"作为结果显示，两者效果是一致的。用户可以在实际应用中自行进行选择。

（案例源程序清单及组态系统软件见随书资源）

9.4　案例 3：利用 S7-200 采集模拟量值

9.4.1　设计目的

除了开关量，在计算机控制系统中，还存在大量的模拟量。模拟量包含了比开关量更多的信息，能准确地反映生产过程工艺参数的变化，模拟量的采集可为后续的控制提供基础。现场工艺参数经过各类传感器模块或智能仪表能够同 PLC 或者控制板卡直接相连。这些信号在现场采集端可能数据形式各不相同，但经过处理后，到组态王就变成了标准的 I/O 整数的数据形式了。

本例利用"组态王"采集电动机的转速，并对电动机的转速进行设定，目的是掌握"组态王"对模拟量值的采集输入和给定输出。

9.4.2　功能分析

电动机是工业应用中最常见的一种被控对象，在对电动机进行控制的时候，一般都需要对电动机的转速进行测量。电动机转速的测量方式很多，比如用光电编码器，可以将光电编码器的信号接入到 PLC 的高速采集模块，也可以采用测速的直流发电机进行同轴相连，采集直流发电机产生的电压值进行测速，还可以选用其他测速的途径。

三相交流电动机的转速调节一般有调压调速和变频调速，由于调压调速采用晶闸管斩波会对电网有较大的冲击，现在一般选用变频调速居多。变频调速的控制器就是变频器。

9.4.3　系统设计

1. 硬件选型

从上述分析可以看出，本例采用直流测速发电机测速，采用变频器对电动机的转速进行调节，因此本例用到的设备有：

1）型号为 JW7114、电压为 380V、额定功率为 380W、转速为 1440r/min 的三相异步电动机。

2）选用西门子 MICROMASTER 440 变频器对电动机进行变频调速。

3）选用西门子 S7-200 系列的 CPU224CN 机型为控制站，并为其配置模拟量输入和输出模块（用户也可以选用 CPU224XPCN，该 PLC 自带两个模拟量输入，一个模拟量输出）。

4）选用测速发电机来进行转速测量。

5）选用 PC 作为上位监控计算机，运行"组态王"监控系统。

其控制结构框图如图 9-13 所示。

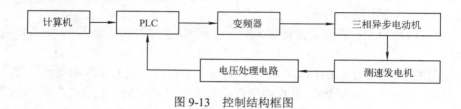

图 9-13　控制结构框图

工作过程如下：

在系统运行的过程中，与交流电动机同轴相连的直流发电机会产生直流电压，这个直流电压经处理后送入到 PLC 的模拟信号输入引脚，"组态王"通过 PLC 就可以进行转速的采集。转速的设定是"组态王"将设定值给 PLC，PLC 产生一个模拟电压送入到变频器，通过变频器来调节电动机的转速。

2. "组态王"软件设计

首先需要为 PLC 建立连接，建立过程与前面的案例一致，这里不再重复。接下来为设置变量。

本例需要的模拟量主要就两个，一个是转速采集值，另外一个是转速设定值，变量地址分配见表 9-2。

表 9-2　模拟量数据分配表

变量名	设备名	寄存器名	数据类型	采集频率	属性
电动机转速	PLC	V0	I/O 实型	100 毫秒	只读
转速设定	PLC	V2	I/O 实型	100 毫秒	只写

设计的电动机转速测量与控制画面如图 9-14 所示。

对模拟量的输入通常还需要做一些处理，如量程的转换、数据的滤波等，其中数据滤波常采用的方法有"限幅滤波""中位值滤波""平均值滤波""加权算术平均值滤波""滑动平均值滤波"和"RC 低通数字滤波"等。

由于"平均值滤波"处理起来比较简单，具有一定的效果，因此本例就选它来作为滤波的方式，其实质是把 N 次采样值相加，然后再除以采样次数 N，得到接近于真值的采样值。

为此在变量中多引入 3 个变量，一个用于计次数，一个用于滤波的中间值存放，还有一个存放最终结果与数据显示曲线相连。

本例转速采用 8 次平均值滤波，具体操作是，将第一次采样值存入内存空间，第二次采样值与第一次采样值相加保存累加结果，依此类推直至将 8 个结果累加完毕，再将累加结果除以 8 得到平均值，最后放置到存放最终结果的变量。如果要考虑滤波的速度，读者也可以选择"滑动平均值滤波"。

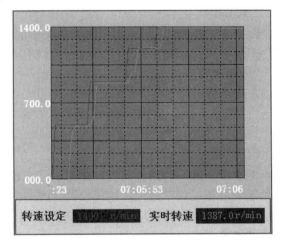

图 9-14　电动机转速测量与控制图

9.5　案例 4：利用"组态王"进行算法设计

9.5.1　设计目的

在工业控制中，除了像案例 3 这样直接给定设定值进行开环控制之外，更多的场合希望被控对象能够快速稳定地达到所设定的控制值的范围。因此在工业控制中产生了大量的控制算法，其中用得最为广泛的就是 PID 控制算法。

本例选用实验室的"乙酸乙酯模拟生产装置"为研究对象，装置图片如图 9-15 所示。

图 9-15　乙酸乙酯模拟生产装置

该装置以乙酸、乙醇为原料，通过配比、中和、精馏等环节实现乙酸乙酯的产生和提纯。本例选取"精馏塔液位"闭环控制环节，来阐述 PID 算法在"组态王"中的实现过程。

9.5.2 功能分析

本例精馏塔液位控制系统的工艺流程：由进料泵将回收罐中的物料打进精馏塔中，并且以固定的转速来控制泵的运行状态，经过精馏塔的反应后，控制出料泵的转速来保证塔釜中的液位为固定值，以保证控制效果良好。

9.5.3 系统设计

1．硬件选型

依据功能分析，本例用到的硬件设备有：

1）精馏塔塔釜，用于存放萃取液，其液位高度范围在 0～100mm，初始值为 0mm。

2）塔釜进料泵，向精馏塔塔釜提供萃取液，这里设置为固定值，不控制。

3）压力传感器和水位计，用于检测精馏塔塔釜的液位高度。

4）出料泵，通过调节转速来调整液位高度。

5）变频器，用于对出料泵进行变频调速。

6）PLC，数据采集和指令下达的控制站。

工作过程大致如下：

通过"组态王"软件对采集到的精馏塔液位进行比较，当液位与设定值不符时，进行 PID 运算，将输出值下达到 PLC，再通过 PLC 对变频器进行控制，从而调节出料泵转速，最终实现液位高度的稳定。

2．"组态王"软件设计

由于本例是一个综合系统的一部分，整个"乙酸乙酯实验装置"有很多类似的环节，需要多机通信，因此系统选用的 PLC 采用的是 MPI 连接方式。另外，本例中选用的 PLC 是 S7-300 系列，PLC 与"组态王"是通过 MPI 通信卡 CP5611 进行连接的。在设备配置向导中选 S7-300 系列，再选择 MPI（通信卡），如图 9-16 所示。

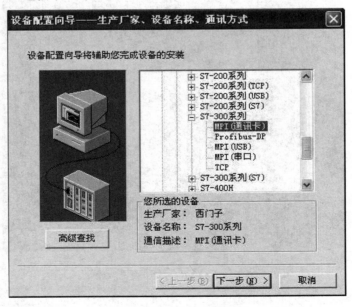

图 9-16　设备驱动选择

为其选择名称后，便进入到"设备地址设置指南"对话框，如图 9-17 所示。这里采用的是 MPI 连接方式中设备地址格式：A.B。其中，A 表示 PLC 在 MPI 总线上的地址信息，取值范围为 0～126；B 表示 PLC 的 CPU 在 PLC 机架上的槽号，取值范围为 0～126。例如，当设备地址设置为 2.2 时，表示 PLC 在 MPI 总线上的地址为 2，PLC 的 CPU 在 PLC 机架上的槽号为 2。设备地址的设置正确与否，直接影响 PLC 与"组态王"之间是否能进行数据的传送，需要特别注意。

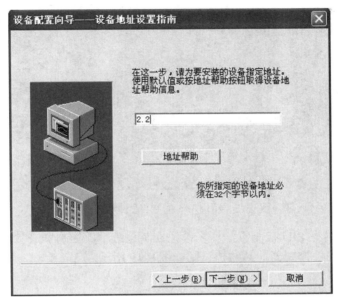

图 9-17　MPI 设备地址设置

接下来需要为所涉及的参数定义变量，根据前面章节中变量定义的方式，需要与 PLC 进行通信的数据都选择为 I/O 变量，不需要与 PLC 进行数据交换的选择为内存实数。本例中定义的主要变量见表 9-3。

表 9-3　精馏塔液位控制系统主要变量表

变量名	设备名	寄存器名	数据类型	采集频率	属性
液位设定值	PLC	DB2.248	I/O 实数	100 毫秒	读写
液位测量值	PLC	DB2.268	I/O 实数	100 毫秒	读写
比例系数	无	无	内存实数	100 毫秒	读写
积分系数	无	无	内存实数	100 毫秒	读写
微分系数	无	无	内存实数	100 毫秒	读写
偏差 E	无	无	内存实数	100 毫秒	读写
偏差 E1	无	无	内存实数	100 毫秒	只读
偏差 E2	无	无	内存实数	100 毫秒	只读
采样时间	无	无	内存实数	100 毫秒	读写
输出中间变量	无	无	内存实数	100 毫秒	读写
输出值	PLC	DB2.104	I/O 实数	100 毫秒	读写

设计的精馏塔液位 PID 控制实验画面如图 9-18 所示。

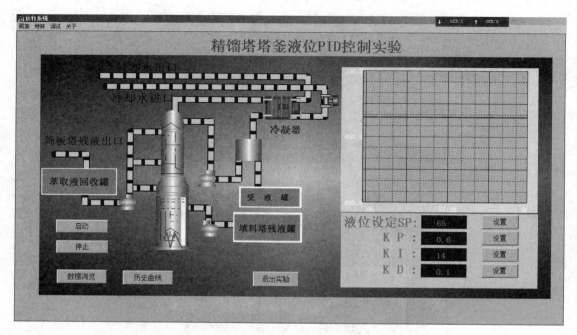

图 9-18　精馏塔液位 PID 控制实验画面

接下来为本例编写 PID 控制算法。在模拟控制系统中，控制器最常用的控制规律是 PID 控制，PID 是一种线性控制器，其结构框图如图 9-19 所示。

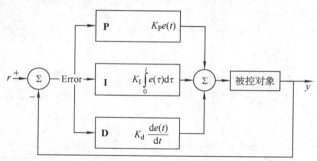

图 9-19　控制器结构框图

由 PID 控制器框图可知，它根据给定值 r 和检测值 y 构成控制偏差 Error：

$$e(t) = r(t) - y(t) \tag{9-1}$$

PID 的控制规律为

$$u(t) = K_{\mathrm{P}} \left[e(t) + \frac{1}{T_{\mathrm{I}}} \int_0^t e(t)\mathrm{d}t + T_{\mathrm{D}} \frac{\mathrm{d}e(t)}{\mathrm{d}t} \right] \tag{9-2}$$

式中，K_{P} 为比例系数；T_{I} 为积分时间常数；T_{D} 为微分时间常数。

将式（9-2）进行离散化，得到

$$u(k) = K_{\mathrm{P}} \left[e(k) + \frac{T}{T_{\mathrm{I}}} \sum_{i=0}^k e(i) + T_{\mathrm{D}} \frac{e(k) - e(k-1)}{T} \right] \tag{9-3}$$

式中，T 为采样周期。令 $K_{\mathrm{I}} = K_{\mathrm{P}} \dfrac{T}{T_{\mathrm{I}}}$（积分系数），$K_{\mathrm{D}} = K_{\mathrm{P}} \dfrac{T_{\mathrm{D}}}{T}$（微分系数），则有

$$u(k) = K_\mathrm{P}e(k) + K_\mathrm{I}\sum_{j=0}^{k}e(j) + K_\mathrm{D}[e(k)-e(k-1)] \qquad (9\text{-}4)$$

一般在应用中，以增量型 PID 用得更多，所谓增量型即两个相邻时刻输出的绝对值之差：

$$\Delta u(k) = K_\mathrm{P}\big[e(k)-e(k-1)\big] + K_\mathrm{I}e(k) + K_\mathrm{D}\big[e(k)-2e(k-1)+e(k-2)\big] \qquad (9\text{-}5)$$

式中，k 为采样序号（采样节拍号）；$u(k)$ 为第 k 次采样时刻计算机的输出值；$\Delta u(k)$ 为第 k 次采样时刻的增量式输出值；$u(k-1)$ 为第 $k-1$ 次输出值；$e(k)$ 为第 k 次采样时刻的系统偏差；$e(k-1)$、$e(k-2)$ 分别为第 $k-1$ 次、$k-2$ 次采样时刻的系统偏差。

式（9-4）是位置型 PID 表达式，式（9-5）是增量型 PID 表达式，对比这两种 PID 算法可以发现：

1）位置型算法用到过去的误差的累加，容易产生较大的累加误差。增量型算法不需做累加，计算误差后产生的计算精度问题对控制量的计算影响较小。

2）位置型算法的输出是控制量的全部输出，误动作影响大。增量型算法得出的是控制的增量，误动作影响小，必要时通过逻辑判断限制或禁止本次输出，不会影响系统的工作。

3）增量型算法不会产生积分失控，所以容易得到较好的控制精度，且容易编程实现，占用内存小。

在"组态王"中，PID 控制算法可以采用命令语言进行编写，本例就是采用命令语言基本按照上述表达式来编写的。增量型 PID 控制算法的基本流程图如图 9-20 所示。

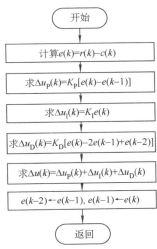

图 9-20　增量型 PID 流程图

除了命令语言，也可以利用"组态王"内置的 PID 控件。在工具箱中单击"插入通用控件"按钮，在弹出的对话框中选择"Kingview Pid Control"，如图 9-21 所示。

在画面中用鼠标拖拽出图 9-22 所示的图形。

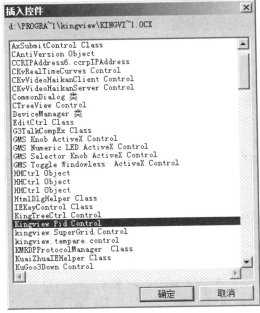

图 9-21　插入 PID 控件

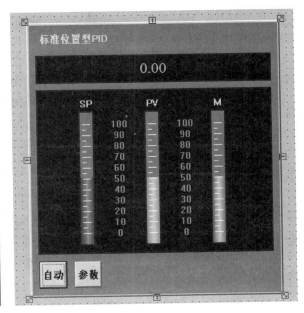

图 9-22　PID 图形控件

　　双击该控件或选择右键菜单中"动画连接"命令，在弹出的"动画连接属性"对话框中设置控件名称等信息，如图 9-23 所示。常规属性设置比较简单，主要来看一下"属性"选项卡。

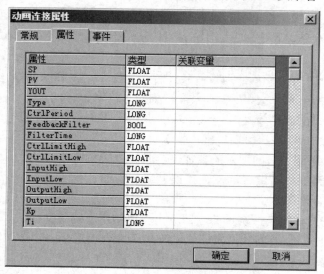

图 9-23　PID 控件动画连接属性设置

　　"属性"选项卡中的参数比较多，对照上面用程序语言设置的 PID，最主要关心以下几个参数，这些需要将要选用的变量关联起来。

1）SP：FLOAT，控制器的设定值。

2）PV：FLOAT，控制器的反馈值。

3）YOUT：FLOAT，控制器的输出值。

4）CtrlPeriod：LONG，控制周期。

5）Kp：FLOAT，比例系数。

6）Ti：LONG，积分时间常数。

7）Td：LONG，微分时间常数。

8）Tf：LONG，滤波时间常数。

9）ReverseEffect：BOOL，反向作用。

10）IncrementOutput：BOOL，是否增量型输出。

11）Status：BOOL，手动/自动状态。

12）M：FLOAT，手动设定值。

13）PercentRange：FLOAT，手动调节时的调节幅度，默认是 1（可以在运行时，单击"参数"按钮在手动调节比率里面调节此参数）。

　　其他几个参数包含了一些限定部分新增功能。这个控件在使用的时候，需要依赖画面的激活。如果只有一个画面，那么它一直是有效的。如果工程中存在多个画面，并且 PID 控件画面并不总是处于激活状态，那么该控件不会起作用，为此需要采用命令语言的方式使其一直处于使用状态。可以在工程浏览器的应用程序命令语言中启动或者运行时，将 PID 控件的变量设定值和数据词典的变量设定值绑定在一起，其命令语言如图 9-24 所示。

　　该控件还有一些特性，可以通过右键选择"控件属性"进行设置，如图 9-25～图 9-27 所示。

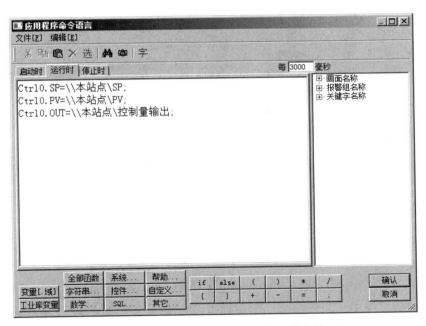

图 9-24 通过命令语言设置 PID 控件有效

图 9-25 PID 控制属性设置 1

图 9-26 PID 控制属性设置 2

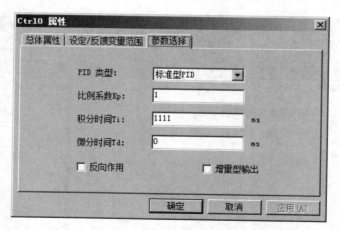

图 9-27　PID 控制属性设置 3

这里主要关注图 9-27 所示的"参数选择"选项卡，可以在里面进行一些设置。比如，比例系数 K_p，用于设定比例系数，一般取值范围为 1～10；积分时间 Ti，用于设定积分时间常数，就是积分项的输出量每增加与比例项输出量相等的值所需要的时间，一般取值范围为 1000～5000ms；微分时间 Td，用于设定微分时间常数，根据实际情况选取，如电动机等应用为可以选为 0ms。这里面反向作用是相对于正作用而言的，可根据实际控制要求进行选择；是否增量型输出也可选择，默认为位置型输出。

选择 PID 控件的优点是不需要进行 PID 算法的编程，缺点是对于初学者而言，需要设置参数的地方太多，如 PID 三个系数的设置，可以在三个地方都进行设置，那么要怎么对它们进行理解呢？需要读者花一定的时间琢磨，并加以实验验证。

本 章 小 结

本章主要讲述了组态王几个典型的实际应用，从简单到复杂，首先给出了对开关量信号输入/输出的处理；接着采用一个交通灯的实例，在开关量的处理上，增加了时间环节；之后又给出了一个模拟量采集和设定的实例；最后介绍了工业控制常见的算法 PID 在"组态王"软件里面的实现。为下一章的综合实训做铺垫。

习 题

1. 认真阅读本章所介绍的各个案例，根据书中的引导尝试自己动手新建工程，完成各个案例的设计。

2. 试总结利用"组态王"设计应用系统的一般步骤。

第 10 章　综合组态项目实训

☞　了解综合组态项目的构成
☞　了解综合组态项目设计的一般方法

教学要求

知识要点	能力要求	相关知识
流浆箱控制系统	（1）了解综合组态项目的构成 （2）了解综合组态项目设计的一般方法 （3）了解流浆箱智能控制系统的原理及设计	流浆箱、压力传感器、PLC、变频器等设备；画面设计
水温模糊控制系统	（1）了解综合组态项目的构成 （2）了解综合组态项目设计的一般方法 （3）了解基于工控机的水温模糊控制系统的原理及设计	PT100、PCL-711B、曲线、报表、非线性的 Bang-Bang 控制、模糊控制、线性 PI 控制

10.1　概述

通过前面章节的介绍，读者已经大致了解了"组态王"的使用。在第 9 章介绍了相对简单的实训项目，本章将继续进行拓展，引入两个较复杂的案例来进行讲解。

10.2　案例 1：流浆箱智能控制系统

10.2.1　系统的背景与意义

造纸工业是国民经济的基础产业，与人们的生产生活息息相关。随着科技的进步和社会物质文化生活水平的提高，人们对高质量纸产品的需求量越来越大。

造纸工艺一般需要经过"打浆—流送—成形"等生产环节，而"流浆箱"是连接"流送"与"成形"两生产环节的关键枢纽，其性能的好坏直接影响纸机的制造速度与所生产纸张的质量。本案例是针对"流浆箱"的工艺特点，来设计一个基于"组态王"软件和 PLC 的监控系统，帮助读者了解工业自动化一般项目的特点，熟悉设计过程。

10.2.2　功能分析

流浆箱的主要作用是为纸张成形做好准备，这一环节要保证纸浆混合均匀，使纸浆沿纸机横向以同一速度和厚度喷在成形网上，保证纸张均匀度，其结构如图 10-1 所示。

因此，对流浆箱的控制主要是对它的总压和浆位两个参数进行控制。控制总压主要是为了获得均匀的上网纸浆流速和流量。控制浆位是为了获得适当的纸浆以减少横流和浓度的变化，产生和保持可控的湍流。因此通过控制总压和浆位，保证一定的浆网速比，可以提高纸张的质量。

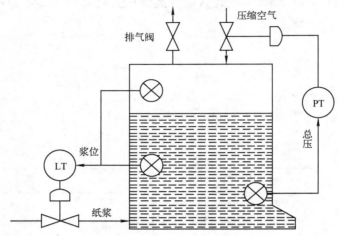

图 10-1　　气垫式流浆箱箱体结构

根据以上所述，本案例需要设计一套密闭式流浆箱控制系统，如图 10-2 所示。

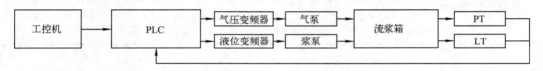

图 10-2　　密闭式流浆箱的控制原理框图

图 10-2 中，PT 为总压检测变送器，LT 为浆位检测变送器。液位变频器和气压变频器分别用来驱动浆泵和气泵。系统的工作原理是浆泵把浆液从纸浆池打入流浆箱，同时气泵送入气压控制出口压力，浆位和总压分别由浆位检测变送器和总压检测变送器反馈给控制器，与设定值比较，形成控制偏差，控制器通过控制算法，产生控制输出值传送给执行器（液位变频器和气压变频器），由它们分别控制浆泵的转速和气泵的转速，从而保持流浆箱内的浆位与出口压力的稳定。通过对流浆箱的浆位与气压的控制，使输出浆液均匀而稳定地铺在成形网上，保持纸张均匀。

10.2.3　系统设计

整个系统共 4 路开关量输入（气泵和浆泵的启动、停止状态），2 路开关量输出（用于气泵和浆泵的启动），2 路模拟量输入（来自浆位变送器和总压变送器），按照系统要求流浆箱压力控制在设定值 0～2500mmH$_2$O（1mmH$_2$O=9.80665Pa）范围内，系统安全可靠。由于浆泵、气泵外供量以及阀门扰动的影响，流浆箱内压力瞬间波动大，采用单台计算机实时性控制很难满足要求。因此，从可靠、快速、实用角度出发，选用 PLC 作为下位机，以完成数据采集与控制，模拟输出量送给变频器，再由变频器对电动机进行变频调速；选用工业控制计算机作为上位机操作站，使用"组态王"工业控制组态软件对系统进行监控，构成一个完整的上下位机工业监控系统，设有动态工艺流程、参数设定和历史趋势显示等画面，通过键盘或鼠标可直接对工艺参数或回路调节参数进行修改，人机界面友好。

1．硬件部分设计与选型

为了能在实验室开展实验，进行调试，设计了如图 10-3 所示的流浆箱模拟装置。

图 10-3　实验室流浆箱模拟装置

从上述分析可以看出，本实验用到的设备有：①流浆箱、②压力传感器、③气泵、④浆泵、⑤变频器、⑥可编程序控制器（PLC）、⑦工控机。

其中，浆位检测选用 ABB 公司量程为 0～600mmH$_2$O 的 2010TD 智能差压变送器，总压检测选用量程为 0～2500mmH$_2$O 的 2010TG 智能绝对压力变送器。差压变送器的两个取压口分别设置于流浆箱箱体的底部和顶部，通过压力差来反映纸浆浆位；绝对压力变送器取压口设置在箱体底部，测量出口总压，该压力是浆位压力和气体压力的总和。两变送器均采用 4～20mA 的标准电流输出信号，可以直接给 PLC 的 AI 模块。事实上，要保证出口总压稳定只需要浆位压力和气体压力稳定即可，而浆位稳定即可保证浆位压力稳定，气体压力则可以通过总压与浆位压力的差值得到，如果气压也是稳定的，那么气压和浆位压力的和总压就稳定了。因此，本控制系统总压的稳定主要通过控制浆位与气压来实现，系统有两个控制回路，一个为浆位回路，保持浆位稳定；一个为总压回路，通过总压与浆位压力的差值，实现气压的稳定。

另外，选用型号为 Y112M-4、电压为 380v、额定功率为 4kW、转速为 1440r/min 的三相异步电动机与型号为 BJA100-6、功率为 4kW，流量为 26.2～50m^3/h、转速为 1446r/min 的浆泵相匹配，实现打浆；选用型号为 AO2-8022、功率为 1.1kW 的三相异步电动机与型号为 XGB-2、功率为 1.1kW、最大流量为 65m^3/h 的气泵相匹配，产生气压。

气泵、浆泵都采用西门子 MICROMASTER 440 变频器来进行变频调速，该变频器可以接受 PLC 输出的 4～20mA 的标准信号输入来进行转速的调节。

由于本系统所需要的点数较少，因此可以采用 S7-200 系列小型 PLC。本次控制的是单叠网气垫式流浆箱，有总压、浆位共 2 路模拟量输入（AI），风机变频器控制和浆泵变频器控制共 2 路模拟量输出（AO），所以在硬件组态中扩展了 1 个 4AI 模块 EM231 和 1 个 2AO 模块 EM232，结合其他开关、端子和保险装置等组成控制系统。

2. 组态王程序设计

根据工艺要求，对监控系统需有工艺流程显示画面、总体参数显示画面、浆泵和气泵的控制画面。设计的流浆箱智能控制系统的主画面如图 10-4 所示。

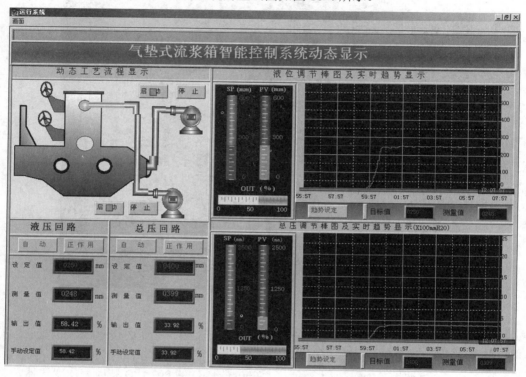

图 10-4　流浆箱智能控制系统的主画面

参照工业现场流浆箱的实际结构，在图形的设计中，左上侧部分是流浆箱的结构示意图区域，有上、下两排启动、停止按扭，分别用于浆泵和气泵的运行和停转。为了标示清楚，在启动和停止按钮上各放置了一个色块，启动为绿色，停止为红色。当系统处于启动状态时，绿色色块显示；当系统处于停止状态时，红色色块显示。根据工艺要求，在设计两排按扭时对它们进行联锁控制，如果气泵没有启动，浆泵就不能启动，浆泵停止后，气泵才能停止，如果浆泵不停止，按气泵停止按钮无效。这是为了防止因为错误操作使液位过高，导致纸浆灌入风机而毁坏气泵。该功能可以通过"组态王"中按钮的命令语言来实现。

画面左下侧部分为回路控制模式选择与参数显示修改区域。液压回路和总压回路中分别带有两个手动/自动切换按扭和两个正/反作用按扭。手动/自动切换功能是为了在自动控制无法正常运行时，可以由人工手动来操作，完成对流浆箱浆位和总压的控制。正/反作用是实现控制回路是正作用输出还是反作用输出，本系统全部采用正作用。回路参数包括设定值、测量值、输出值、手动设定值。用户可以直接在本页面中进行控制量的输出，为了安全，这个输入控制量值是采用了权限保护动画连接，分配给用户一个安全区，只有符合要求的人员才能对设定值进行更改。

画面中间部分为回路的棒图指示区域，分别设计了液位和总压的设定值、测量值、输出值棒图，通过图中填充色的上下或左右移动，观测设定值的大小、测量值的高低、输出值的百分比，使控制系统参数的变化形象化、直观化。

画面右侧部分是浆位、总压的实时趋势显示区域，以不同颜色的曲线展示设定值的高低、测量值和输出值的波动情况，使用户对参数的变化情况一目了然。这里测量值是从 PLC 直接读取进行转换后的值，这个值是只读的，任何用户都可以观看；输出值则是直接输出到 PLC，控制变频器的数值。当然，如果用户只希望看到测量值跟随设定值的变化，实时趋势组态时只选择设定值、测量值变量，不选择输出值变量即可。

本画面中，关于工艺流程图的制作、按钮的操作、参数的显示、实时趋势的设定，本书前几章均已述及，这里仅简单介绍一下棒图的制作。棒图可以采用系统的控件来实现，也可以手动绘制。下面讲述一下手动绘制的基本思路。

首先单击工具箱→圆角矩形，绘制一个矩形，根据个人喜好，按照前面章节讲过的方法为这个矩形添加填充色，选择该矩形，单击"显示画刷类型"还可以使其有立体化感觉；然后绘制长短的线条用于对立体矩形棒进行刻度划分，这些线条可以选择对齐的方式使它们左侧对齐，纵向间距等分，总高度跟矩形相等；最后按照需要写入 100、90 等和测量范围相对

图 10-5　棒图绘制过程

应的数字，并将数字和线条进行对应的等间隔排列，如果需要还可以再绘制一个光标用于设定值的连续设定，一块小的数字仪表用于设定值的键盘输入设定。这样便做好了设定值棒图静态画面，如图 10-5 所示。

接下来进行棒图的动态设定。选中矩形棒图→单击鼠标右键→动画连接→填充属性→从数据词典选择要设定的变量→为"0"时选择颜色为底色，为"100"时选择有别于底色的填充颜色，这样设定值变化时，填充颜色就会上下波动，实现棒图的指示。光标的操作功能可以采用"垂直滑动杆输入"的动画连接来实现，数字仪表的设定输入和显示输出可采用对"###"进行动画连接，即选择"模拟量输入"又选择"模拟量输出"来实现。

历史趋势显示画面相对较为简单，分别显示总压和浆位的历史数据记录曲线，如图 10-6 所示。

"趋势设定"按钮用于选择所需的时间跨度，可以选 10min、1h、2h 等；"左移"按钮可以将时间轴向左移；"右移"按钮可以将时间轴向右移；"参数刷新"按钮可以显示当前时间点的曲线状况和指示器对应曲线的参数值。为了让用户有更直观的印象，将系统设置的目标值和测量值、输出值都放在同一画面中，能够一目了然地看两个回路的控制效果。

尽管将数据采集和控制的主要部分放到 PLC 中，上位机主要做了采集数据的数字或图形显示，但命令的下达也需在"组态王"里实现，如需对上面所建的各个 PID 参数进行修改等，这就需要设计参数设置画面，其主要功能是用于参数设置，本系统主要通过此画面来整定两个回路的 PID 参数，包括数据的采样周期、回路的运算周期等参数的设定，比例系数、积分时间常数等参数的修改，以方便系统调试，并取得理想的控制效果等。参数设置画面如图 10-7 所示。

在设置修改参数时，必须要输入正确的口令才可以完成操作（设置口令可以参考本书第 8 章），这是为了防止随意改动参数导致系统不稳定，是对系统的保护措施之一。

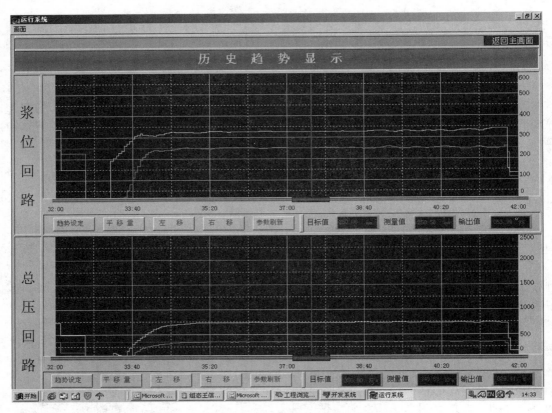

图 10-6　历史趋势显示画面

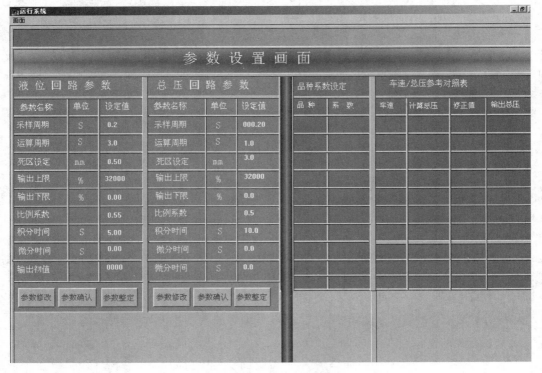

图 10-7　参数设置画面

为了实现"组态王"与 S7-300 之间的数据传输，在配置完设备之后，在工程浏览器的数据库中的数据词典项，记录了所用变量的变量名称、变量类型、连接设备和寄存器地址，凡数据类型是 I/Oxx 的都是表示同 PLC 交互的值，如图 10-8 所示。

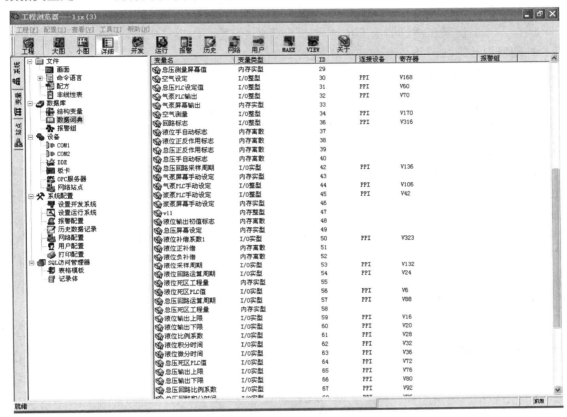

图 10-8　数据词典画面

此外，还有实时报表和历史报表，同第 8 章介绍的内容类似，这里不重复展开。

10.3　案例 2：基于工控机的水浴锅温度模糊控制系统

10.3.1　系统的背景与意义

在工业生产中，常常遇到电阻炉、反应炉和锅炉等一类复杂过程控制对象，它们的共同特点是大时滞、非线性以及模型结构的不确定性。若采用经典控制理论进行控制，就必须先将其简化为线性控制系统，这往往会造成控制系统的不稳定。

现代控制理论对系统的可观、可控及对象的精确数学模型的苛刻要求，使得其在实际应用中受到限制，特别是在如单片机、PLC 等常用设备上很难实现，控制效果也往往不佳。而模糊控制就比较适合解决此类问题，自从 1965 年美国控制理论专家 Zaden 教授创立模糊集合论并建立模糊控制理论以来，模糊控制技术得到了迅速发展与广泛应用。模糊控制是以模糊集合论、模糊语言变量与模糊逻辑推理为基础，模仿人的思维形式，对难以建立数学模型的对象实施的一种控制方法，是模糊数学与控制理论相结合的产物，也是智能控制的重要组成部分。其突出优点是无需知道被控对象的精确数学模型，且能够得到较好的动态响应特性，控制算法鲁棒性强，对对象的数学模型具有"不敏感性"，适应性强。但研究又表明，常规模糊控制仍存在如下不足：控制精度不高、输出在平衡点附近易出现"振颤"现象，尤其在大偏差情况下，系统过渡过程时间长，影响系统的调节品质，从而影响被加热工件的质量。

因此，本案例就水浴锅的温度控制提出了一种实用型强，容易构建，又具有一定控制精度的控制器设计方法，并基于组态王给予实现。

10.3.2　功能分析

根据工艺要求及项目主要解决的问题，结合温度控制的基本原理，同时考虑到系统的低成本和简单易行，采用直接数字控制（Direct Digital Control，DDC）结构，设计了基于工业控制计算机的水浴锅温度控制系统。

水浴锅是一种实验室常用的、保持水温恒定的加热设备，通过对电热丝两端电压的控制改变电热丝发热量，进而改变水温，通过温度传感器采集温度，并与工业控制计算机构成闭环控制系统，再通过所研制的控制策略，即可实现水温的恒温控制。考虑到控制算法的精度和可行性，本例拟采用"多模态"控制策略，即将非线性的 Bang-Bang 控制、智能模糊控制和线性 PI 控制三种模式结合，设计出一套接口方便、组态灵活、通用性强、功能齐全的低成本自动化控制系统，以提高控制系统的可靠性、精确性、安全性。

10.3.3　系统设计

1. 硬件选型与设计

系统采用 DDC 结构，控制计算机采用研华 IPC-610 工业控制计算机，既可实现温度数据的采集、智能算法的运算、控制输出等控制功能，又可完成动态工艺流程显示、操作模式选择（手动/自动）、工艺参数与控制参数设定、实时与历史趋势记录等监控功能；温度检测与变换选用 PT100 铂电阻及 STD-200 温度变送器，数据采集选用研华 PCL-711B 八通道模拟量输入模板，控制输出选用 PCL-726 六通道模拟量输出模板，调压设备则选用 EUV-10A 无触点晶闸管调压器（即固态继电器），这样就构成了一个完整的水浴锅闭环温度自动控制系统。其实物连接如图 10-9 所示。

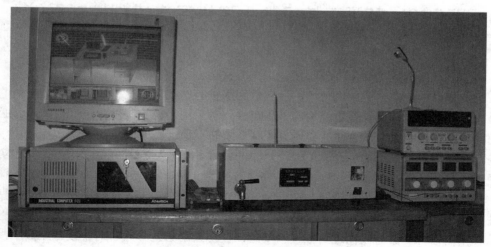

图 10-9　系统实物图

其总体结构如图 10-10 所示，其控制结构如图 10-11 所示。

图 10-10　系统总体结构

基本工作原理为：220V 的交流电压经晶闸管调压后，加载到水浴锅电炉丝上对锅内的水进行加热，水温的变化由铂电阻检测，并通过温度变送器转化为 1～5V 的电压量，该电压量经 PCL-711B A-D 转换模板实现对温度的采集，工业控制计算机将采集到的温度值与预先设定的温度值进行比较，得出偏差量，并基于所研制的智能控制算法输出控制信号，经 PCL-726 D-A 转换模板后输出触发电压，改变晶闸管的导通角，进而控制晶闸管二次侧加在电炉丝上的有效电压，改变发热量，实现对水浴锅温度的闭环控制。

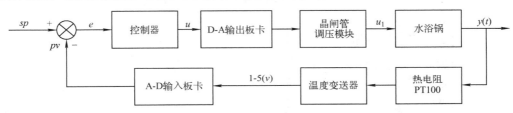

图 10-11　水浴锅控制系统结构图

图 10-11 中，sp 为设定值，pv 为测量值，e 为偏差值，偏差通过变结构数字控制器输出调节电压 u，由 0～5V 的调节电压来改变晶闸管调压器输出到电阻炉的电压 u_1（交流 0～220V），从而达到控制电阻炉温度的目的，电阻炉的温度由温度变送器转化为 1～5V 的电压信号，传入到模板，从而形成一个闭环控制系统。

系统采用 PT100 温度传感器，由于 PT100 输出的是一个电阻信号，通常比较难以被计算机系统所接受，这里为它配置了一个温度变送器，通常温度变送器有 4～20mA 或者 0～5V、0～10V 的输出，用户可以根据自己的需要来进行选取，本案例选择的是 0～5V 输出的形式。

计算机能够识别来自现场的模拟信号并加以输出，我们为系统配置了模拟量输入和输出模板，分别是研华公司的 PCL-711B 和 PCL-726。

模拟量输入模板 PCL-711B 是一个 8 通道的具有 12 位 A-D 的模拟量输入板卡，可选择的模拟量输入范围为+/–5V、+/–2.5V、+/–1.25V、+/–0.625V、+/–0.3125V，支持软件触发、可编程触发和外部触发，并具有一个 12 位 D-A 输出通道，输出范围为 0～+5V、0～+10V，且附有 16 位数字量输入和输出，符合系统温度采集的需要。用户在应用的时候还需要进行地址设置，模板地址由 6 针的 DIP 开关决定，不同的设置对应不同的地址，地址范围是 000～3F0，默认地址设定在 220，具体设置请参考本模板手册。将温度变送器出来的信号接入到板卡对应的接线柱即可。

模拟量输出模板 PCL-726 提供了 6 路模拟量输出通道，具有 12 位分辨率、双缓冲 D-A 转换能力，每个通道都可以各自设定其输出范围：0～+5V、0～+10V、–5～+5V、–10～+10V，以及 4～20mA 电流输出。由于其具有隔离输出功能，因此有较好的抗干扰能力。同样，模板地址由可选择的 6 位置 DIP 开关决定，地址范围为 200～3F0，默认设置为 2C0。D-A 通道输出端接入到晶闸管控制的控制端，接线图同模拟量输入模板类似。

☺小贴士：工业板卡更新换代较快，读者可以根据实际情况进行选取。比如，本例中您也可以选择既包含模拟输入的，也包含模拟输出的板卡，这样结构更为精简，本例只是一个示意。

在应用"组态王"进行选型组态时，两个卡件是外部设备，需要在设备管理里进行添加，如图10-12所示，在工程浏览器左侧的目录显示区中选中"设备"→"板卡"，然后单击"新建"图标，在弹出的对话框中选择"板卡"→"研华"→"PCL-711B"，如图10-13所示。

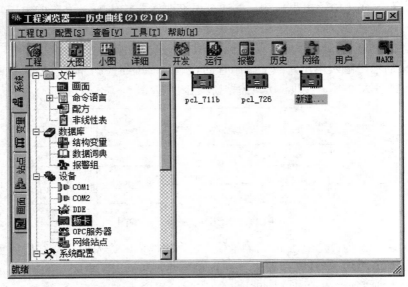

图 10-12　添加板卡设备

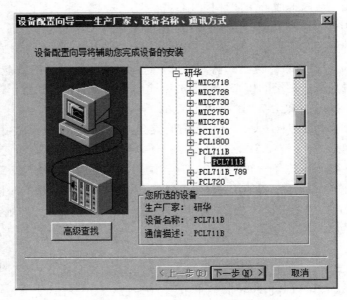

图 10-13　添加 PCL-711B 板卡

然后单击"下一步"按钮给设备取一个名称，再往下就会弹出如图10-14所示的对话框，需要为板卡配置地址，这个地址要与上面介绍的在硬件拨码开关设置的一致。

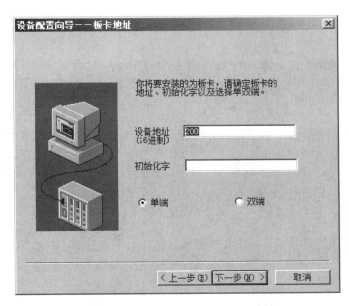

图 10-14　为 PCL-711B 板卡配置地址

模拟量输出模板 PCL-726 的配置过程类似，不再赘述。

2. 基于"组态王"的软件设计

根据实际需要，本例设计了 4 个画面，分别为系统动态工艺流程、实时监控曲线、历史曲线、监控录像和历史数据报表画面，能直观地反映控制量的变化并对其进行监控和记录。

通过图 10-15 可以了解系统的动态工艺、设备的运行状态，并可进行画面切换。图中的图形基本都是采用"组态王"内部的多边形、矩形等绘制的，并配合里面的填充等特性，基本能反映对象的特点，如果读者需要更为漂亮的效果，请在其他专业的图形编辑软件中进行编辑，并以导入图形的方式进行加载。

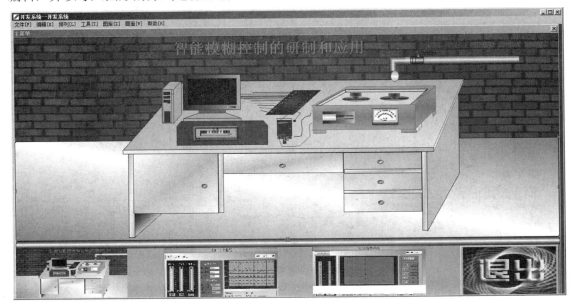

图 10-15　水浴锅温度模糊控制系统动态工艺流程图

图 10-16 为实时监控画面，它可实现棒图显示、实时温度记录、温度参数设定、调节参数设定及数字显示等功能，为用户操作提供了较好的人机界面。

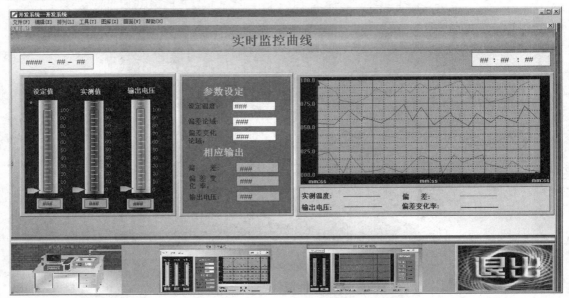

图 10-16　实时监控画面

为便于故障查找与历史数据的查询，系统设计有历史数据记录画面，如图 10-17 所示。它可以对在存储区间内任何一个时间段的数据进行查找，生成历史曲线，并可通过按钮对该曲线进行缩放，方便数据读取，本系统历史数据存储为 3 个月。

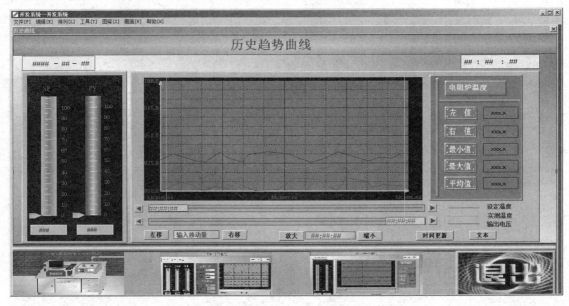

图 10-17　历史趋势记录画面

由于一般的控制现场和工业现场是分离的，用户能通过监控录像直接观测到工业现场的运行情况，如图 10-18 所示。

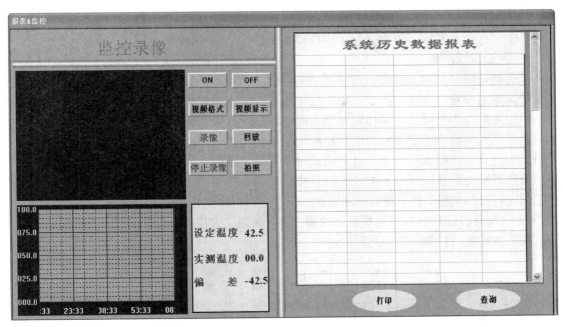

图 10-18　监控录像和历史数据报表

在现场内安装一个摄像头，利用视频采集卡（或者 USB 显卡）插在计算机上，在屏幕上设置一个 Video 视频控件，打开 Video 视频控件，则摄像头所拍摄下来的内容全部在屏幕上显示出来，并且能通过提供的函数对画面做相应处理。

比如，图 10-18 所示的画面中设置了一些基础的操作。

1）ON：打开视频采集。其命令语言如下：

BOOL OpenVideo(short nResIndex)

参数：nResIndex，视频设备的设备号，该值的范围为 0～9。

返回值：成功返回 TRUE，失败返回 FALSE。

例如：监控.OpenVideo(0)。

2）OFF：关闭视频采集。其命令语言如下：

BOOL CloseVideo( )

返回值：成功返回 TRUE，失败返回 FALSE。

例如：监控. CloseVideo( )。

3）拍照：单帧保存视频图像到一个 BMP 文件。其命令语言如下：

BOOL SaveVideoFrame(LPCTSTR lpszPicName)

参数：lpszPicName，要保存的 BMP 文件名。

返回值：成功返回 TRUE，失败返回 FALSE。

例如：监控.SaveVideoFrame（"c:\my documents\01.bmp"）。

4）录像：把视频录像到一个 AVI 文件。其命令语言如下：

BOOL CapVideoToAVI(LPCTSTR lpszAVIName)

参数：lpszAVIName，录像后保存的 AVI 文件名。

返回值：成功返回 TRUE，失败返回 FALSE。

例如：监控.CapVideoToAVI（"c:\01.avi"）。

画面设计大致与上一案例相同，但与上一案例不同的是，本案例的控制核心在工业控制计算机上，也就是要在"组态王"中进行程序设计。

3．控制算法的确立

考虑到电阻炉具有大纯滞后及模型结构不确定的特点，采用常规控制技术，控制参数不能及时跟随对象特性变化而改变，控制效果不稳定。而模糊控制则是在总结前人经验的基础上，以模糊数学为基础，运用模糊推理与模糊决策对对象实施的一种数字控制，可以避开对象的数学模型问题，因此模糊控制广泛应用于一类大惯性、纯滞后系统。但常规模糊控制在平衡点附近具有"振颤"现象，且大偏差时从不稳定到稳定的过渡过程时间太长，所以，采用单一的模糊控制算法，也不能较好满足控制要求。在多方调研与反复实验的基础上，考虑到工艺过程对控制稳、快、准的指标要求，引入一种将非线性的 Bang-Bang 控制、模糊控制、线性 PI 控制有机结合的智能模糊复合控制方案，保证了大偏差升温速率快，小偏差控制精度高，其总体控制结构如图 10-19 所示。

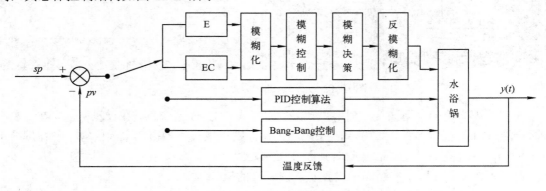

图 10-19　控制系统结构图

根据控制系统结构图，可以得到水浴锅控制系统总体流程图，如图 10-20 所示。

下面对用到的控制算法加以介绍。

（1）Bang-Bang 控制

Bang-Bang 控制实际上是一种时间最优控制，由于它的控制作用为开关函数，属于继电型，所以也称开关控制。这种控制方式具有比常规 PID 控制较为优越的性能，对于较大的偏差，如 $|E| \geqslant a$，控制量变化 U 取 $+U_m$ 或 $-U_m$，实行非线性开关控制模态，以提高系统的响应速度。其表达式如下：

$$U_k = \begin{cases} +U_m & E \geqslant a \\ -U_m & E \leqslant -a \end{cases}$$

式中，a 为系统阈值。a 值可通过屏幕设定，事实上是由非线性控制转为模糊控制的切换点。

（2）模糊控制

模糊控制的基本原理如图 10-21 所示，它的核心部分是模糊控制器，如点画线框中部分所示。

模糊控制是一种数字控制，其控制算法由计算机的程序实现，其基本工作原理为：微机经中断采样获取被控制量的精确值，然后将此量与给定值比较得到数值偏差 e，把偏差 e 的精确量进行模糊化得到模糊量 E，不同的 e 模糊化后得到不同的 E，这样就得到了关于 E 的一个模糊子集；根据模糊控制规则，运用模糊推理，求取模糊关系矩阵 R，将模糊输入 E 与模糊关系矩阵进行合成，即可得到模糊控制量 U（U=E∘R），对 U 进行清晰化处理，即可得到控制器的数值输出，经模拟量输出模板送给执行机构，对被控对象进行控制。

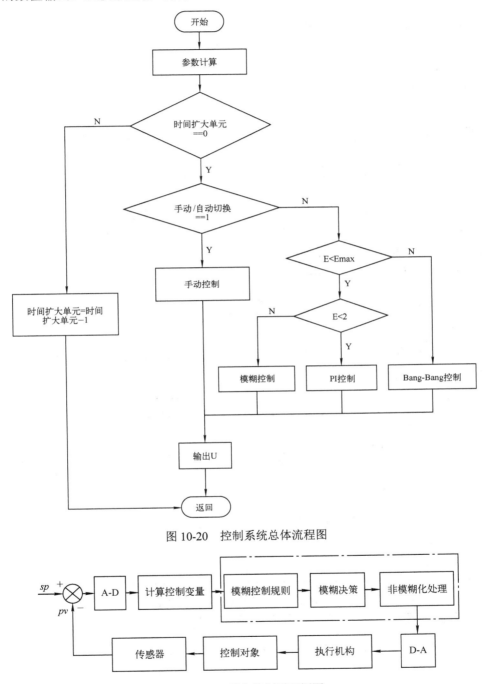

图 10-20　控制系统总体流程图

图 10-21　模糊控制原理框图

本例中模糊控制器的设计包括以下几项内容：

1）确立模糊控制器的输入变量和输出变量（即控制量）；

2）设计模糊控制器的控制规则；

3）确立模糊化和非模糊化（又称清晰化）的方法；

4）选择模糊控制器的输入变量及输出变量的论域并确定模糊控制器的参数（如量化因子、比例因子）；

5）编制模糊控制算法的应用程序；

6）合理选择模糊控制算法的采样时间。

简单的模糊控制器选择的输入变量为误差 E 及误差的变化 EC，输出变量为控制量 U，因此它是一个二维模糊控制器。

E 为温度的误差，EC 为温度误差的变化，U 为控制量。它们的模糊集及其论域定义如下：

E 的模糊集为：{NB，NM，NS，NO，PO，PS，PM，PB}，其含义依次为负大、负中、负小、负零、正零、正小、正中、正大。

EC 和 U 的模糊集均为：{NB，NM，NS，O，PS，PM，PB}，其含义依次为负大、负中、负小、零、正小、正中、正大。

上述误差的模糊集选取 8 个元素，区分了 NO 和 PO，主要是着眼于提高稳态精度。

E 的论域为：{−6，−5，−4，−3，−2，−1，−0，+0，1，2，3，4，5，6}

EC 的论域为：{−6，−5，−4，−3，−2，−1，0，1，2，3，4，5，6}

U 的论域为：{−7，−6，−5，−4，−3，−2，−1，0，1，2，3，4，5，6，7}

将系统中实际信号的精确量（数字量），变化为上面论域内的值，转化为模糊量，这一过程称为模糊化。模糊化有很多种方法，如采用不同的隶属度函数来进行设计，用户可以参考相关模糊控制的书籍。

根据经验知识和系统本身的特性，得出模糊变量 E、EC、U 的隶属度见表 10-1、表 10-2、表 10-3。

表 10-1　模糊变量 E 的隶属度表

E	−6	−5	−4	−3	−2	−1	−0	+0	+1	+2	+3	+4	+5	+6
PB	0	0	0	0	0	0	0	0	0	0	0.1	0.4	0.8	1
PM	0	0	0	0	0	0	0	0	0	0.2	0.7	1	0.7	0.2
PS	0	0	0	0	0	0	0	0.3	0.8	1	0.5	0.5	0	0
PO	0	0	0	0	0	0	0	1	0.6	0.1	0	0	0	0
NO	0	0	0	0	0.1	0.6	1	0	0	0	0	0	0	0
NS	0	0	0.1	0.5	1	0.8	0.3	0	0	0	0	0	0	0
NM	0.2	0.7	1	0.7	0.2	0	0	0	0	0	0	0	0	0
NB	1	0.8	0.4	0.1	0	0	0	0	0	0	0	0	0	0

表 10-2　模糊变量 EC 的隶属度表

EC	−6	−5	−4	−3	−2	−1	0	+1	+2	+3	+4	+5	+6
PB	0	0	0	0	0	0	0	0	0	0.1	0.4	0.8	1
PM	0	0	0	0	0	0	0	0	0.2	0.7	1	0.7	0.2
PS	0	0	0	0	0	0	0.9	1	0.7	0.2	0	0	0
O	0	0	0	0	0	0.5	1	0.5	0	0	0	0	0
NS	0	0	0.2	0.7	1	0.9	0	0	0	0	0	0	0
NM	0.2	0.7	1	0.7	0.2	0	0	0	0	0	0	0	0
NB	1	0.8	0.4	0.1	0	0	0	0	0	0	0	0	0

表 10-3　模糊变量 U 的隶属度表

U	−7	−6	−5	−4	−3	−2	−1	0	+1	+2	+3	+4	+5	+6	+7
PB	0	0	0	0	0	0	0	0	0	0	0	0.1	0.4	0.8	1
PM	0	0	0	0	0	0	0	0	0	0.2	0.7	1	0.7	0.2	0
PS	0	0	0	0	0	0	0.4	1	0.8	0.4	0.1	0	0	0	0
O	0	0	0	0	0	0	0.5	1	0.5	0	0	0	0	0	0
NS	0	0	0	0.1	0.4	0.8	1	0.4	0	0	0	0	0	0	0
NM	0	0.2	0.7	1	0.7	0.2	0	0	0	0	0	0	0	0	0
NB	1	0.8	0.4	0.1	0	0	0	0	0	0	0	0	0	0	0

　　当确定了输入变量和输出控制变量的隶属度函数后，就可以根据隶属度函数给出在误差 E、误差变化 EC、输出 U 各自论域上的各个模糊子集，从而确定了各模糊变量赋值，以此可以建立三张赋值表，即模糊误差变量 E、模糊误差变化变量 EC、模糊控制变量 U 的赋值表。

　　根据专家知识和实际操作经验，针对电阻炉温度控制系统总结了以下 21 条控制规则：

　　If　E=NB or NM and EC=NB or NM then U=PB

　　If　E=NB or NM and EC=NS or O then U=PB

　　If　E=NB or NM and EC=PS then U=PM

　　If　E=NB or NM and EC=PM or PB then U=O

　　If　E= NS and EC=NB or NM then U=PM

　　If　E= NS and EC=NS or O then U=PM

　　If　E= NS and EC=PS then U=O

　　If　E= NS and EC=PM or PB then U=NS

　　If　E= NO or PO and EC=NB or NM then U=PM

　　If　E= NO or PO and EC= NS then U=PS

　　If　E= NO or PO and EC= O then U=O

　　If　E= NO or PO and EC=PS then U=NS

　　If　E= NO or PO and EC=PM or PB then U=NM

　　If　E= PS and EC= NB or NM then U=PS

　　If　E= PS and EC= NS then U=O

　　If　E= PS and EC= O or PS then U=NM

　　If　E= PS and EC= PM or PB then U=NM

　　If　E= PM or PB and EC= NB or NM then U=O

　　If　E= PM or PB and EC= NS then U=NM

　　If　E= PM or PB and EC= O or PS then U=NB

　　If　E= PM or PB and EC=PM or PB then U=NB

　　由第 1 条语句确定的控制规则可以计算出 U1，如此刻的实际误差量为 E，且误差的变化为 EC，则控制量可由 U=E∘R（R 为控制规则）计算得出：

$$U1 = E \circ [(NBE+NME) \times PBU] \cdot EC \circ [(NBEC+NMEC) \times PBU]$$

式中，"∘"是合成运算符；"•"是代数积运算符。

　　误差为正时与误差为负时相类同，相应的符号都要变化，控制规则见表 10-4。

表 10-4　控制规则表

U E	EC 	NB	NM	NS	O	PS	PM	PB
NB		PB	PB	PB	PB	PM	0	0
NM		PB	PB	PB	PB	PM	0	0
NS		PM	PM	PM	PM	0	NS	NS
NO		PM	PM	PS	0	NS	NM	NM
PO		PM	PM	PS	0	NS	NM	NM
PS		PS	PS	0	NB	NB	NB	NB
PM		0	0	NM	NB	NB	NB	NB
PB		0	0	NM	NB	NB	NB	NB

同理，根据其余模糊条件语句之间的与或关系，分别求出控制量 U2，U3，…，U21，则控制量为模糊集合 U，表示为

$$U=U1+U2+\cdots+U21$$

由上式算出的模糊控制量不能直接控制被控对象，还需将它转化为一个精确量，这个转换过程称为清晰化，也称为判决。

清晰化有很多方法，如重心法、高度法、面积法等。由于模糊控制规则表的计算量非常庞大，本例根据图 10-5 的模糊控制规则表，通过 C 语言编程形成控制决策，见表 10-5。读者也可以选择自己熟悉的工具，如 Matlab 等来做输出。

表 10-5　模糊控制规则表

U E	EC 	−6	−5	−4	−3	−2	−1	0	1	2	3	4	5	6
−6		7	6	7	6	7	7	7	4	4	2	0	0	0
−5		6	6	6	6	6	6	6	4	4	2	0	0	0
−4		7	6	7	6	7	7	7	4	4	2	0	0	0
−3		7	6	6	6	6	6	6	3	2	0	−1	−1	−1
−2		4	4	4	5	4	4	4	1	0	0	−1	−1	−1
−1		4	4	4	5	4	4	0	0	0	−3	−2	−1
0		4	4	4	1	1	0	−1	−1	−1	−4	−4	−4
+1		2	2	2	2	0	0	−1	−4	−4	−3	−4	−4	−4
+2		1	2	1	2	0	−3	−4	−4	−4	−3	−4	−4	−4
+3		0	0	0	0	−3	−3	−6	−6	−6	−6	−6	−6	−6
+4		0	0	0	−2	−4	−4	−7	−7	−7	−6	−7	−6	−7
+5		0	0	0	−2	−4	−4	−6	−6	−6	−6	−6	−6	−6
+6		0	0	0	−2	−4	−4	−7	−7	−7	−6	−7	−6	−7

通常计算出来的模糊控制表并非能完全切合实际，因此需要在实际应用中加以校正，通过反复的实验发现，根据理论得到的控制量在实际的对电阻炉控制时，水温并不是很理想，经调整表中的一些数据，我们在控制水温的实验中，能把误差控制在 ±2℃。修改后的决策表见表 10-6。

实时控制过程中，根据模糊控制量化后的误差和误差变化，查表得到相应的控制量 U，U 再乘以比例因子 KU 即可得到相应的输出量（假设不存在死区）。

表 10-6　模糊决策表

U \ EC E	–6	–5	–4	–3	–2	–1	0	1	2	3	4	5	6
–6	7	7	7	7	7	7	7	4	4	2	0	0	0
–5	7	7	7	7	7	7	6	4	4	2	0	0	0
–4	7	7	7	7	7	6	4	4	3	1	0	0	0
–3	7	7	7	7	6	6	6	3	2	0	–1	–1	–1
–2	6	6	6	6	6	6	6	3	0	–1	–1	–2	–2
–1	5	5	5	5	5	5	5	0	–1	–2	–2	–3	–3
0	5	5	4	4	4	5	5	2	–2	–3	–3	–3	–3
+1	4	4	4	4	4	4	2	–1	–1	–4	–4	–4	–6
+2	3	3	3	3	3	3	3	–4	–4	–6	–6	–6	–7
+3	2	2	2	2	2	2	1	–6	–6	–7	–7	–7	–7
+4	–3	–3	–3	–4	–4	–4	–6	–7	–7	–7	–7	–7	–7
+5	–4	–4	–4	–5	–5	–5	–6	–6	–6	–6	–6	–6	–6
+6	–5	–5	–5	–5	–5	–5	–6	–6	–6	–6	–6	–6	–6

由于本系统采用的晶闸管的可调范围为 1.1～2.5V，将此范围划分为 0～7 共 8 档，根据图 10-22 可得

$$OUT=-4/7U+5$$

（3）PI 控制

由于在误差量程最大值 Emax 的约 7%以内时，模糊控制器已经把它当作 0 来对待了，因此，对|e|<7%Emax 的稳态

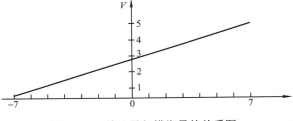

图 10-22　输出量与模糊量的关系图

误差模糊控制器无法消除，这是控制点附近的一个控制上的盲区和死区。所以，在小偏差范围引入了 PI 控制算法，使其具有良好的动态跟踪品质和稳态精度。PI 控制与上一章的 PID 控制算法一致，此处不再重复。

在"组态王"中，用户可以在编程语言中进行代码的编写，首先是对采集的温度的偏差值进行判定，从而确立这一时刻采用的是 Bang-Bang 控制，还是模糊控制，或者是 PI 控制，特别地，如果采用的是模糊控制，可以在组态王中构建规则表的数组，也可以直接用 If 语句来构建控制规则。限于篇幅，请联系作者下载相关案例代码。

本 章 小 结

本章以两个典型的案例来讲述了实用的工业控制系统的设计，有助于读者开阔思路，了解组态软件在实际工程中的应用。

习　　题

认真阅读本章所介绍的各个案例，根据书中的引导尝试自己动手新建工程，完成各个案例的设计。

参 考 文 献

[1] 殷群，吕建国. 组态软件基础及应用（组态王 KingView）[M]. 北京：机械工业出版杜，2017.

[2] 王建，宋永昌. 组态王软件入门与典型应用[M]. 北京：中国电力出版社，2014.

[3] 王华忠. 工业控制系统及应用——PLC 与组态软件[M]. 北京：机械工业出版社，2016.

[4] 北京亚控科技发展有限公司. 组态王使用手册[Z]，2018.